科学图书馆　中国科技馆

Natural Sciences

环境的演化
自然简史

总顾问　周光召　赵忠贤
编　著　郑艳秋　齐欣　朱幼文

地球，与其说是祖先留给我们的
不如说是子孙借给我们的
地球能满足人类的需要，但满足不了人类的贪婪
人类若不能与其他物种共存，便不能与这个星球共存
森林是地球之肺，损伤了肺，地球就会窒息
湿地是地球之肾，破坏了肾，地球就无法排解毒素
水是生命的源泉，珍惜水源也就是珍惜我们的生命
从碧水蓝天的动植物家园到今天百孔千疮的地球
地球经历了怎样的噩梦
我们还能为地球做些什么

上海科学技术文献出版社

图书在版编目（CIP）数据

环境的演化·自然简史／郑艳秋等编著．—上海：上海科学技术文献出版社，2011.1
ISBN 978－7－5439－4679－8

Ⅰ.①环… Ⅱ.①郑… Ⅲ.①自然科学史－世界－普及读物 Ⅳ.①N091－49

中国版本图书馆 CIP 数据核字（2010）第 263499 号

责任编辑：张　树
美术编辑：徐　利

环境的演化·自然简史
编　著：郑艳秋　齐　欣　朱幼文
出版发行：上海科学技术文献出版社
地　　址：上海市长乐路 746 号
邮政编码：200040
经　　销：全国新华书店
制　　版：南京展望文化发展有限公司
印　　刷：常熟市华顺印刷有限公司
开　　本：740×970　1/16
印　　张：12
字　　数：167 000
版　　次：2014 年 4 月第 2 次印刷
书　　号：ISBN 978－7－5439－4679－8
定　　价：28.00 元
http://www.sstlp.com

丛书主编　王渝生

丛书副主编　赵有利　黄体茂

丛书执行主编　朱幼文

总 顾 问　张玉台　胡振明　翟卫华　徐善衍

科学顾问　（以姓氏笔划为序）

　　　　　王如松（中国科学院生态环境研究中心研究员，中国生态学会副理事长，中国生态经
　　　　　　　　　济学会副理事长）

　　　　　田　洺（中国科学院政策局副局长、教授）

　　　　　李文华（中国科学院地理科学与资源研究所研究员，中国工程院院士，中国生态学会
　　　　　　　　　理事长）

　　　　　成升魁（中国科学院地理科学与资源研究所副所长、研究员，中国自然资源学会常务副
　　　　　　　　　理事长）

　　　　　刘玉凯（高级工程师，中国环境科学学会理事）

　　　　　刘纪远（中国科学院地理科学与资源研究所所长、研究员，中国自然资源学会理事长）

　　　　　沈　镭（中国科学院地理科学与资源研究所研究员，中国自然资源学会秘书长）

　　　　　陈尚芹（教授级高级工程师，国家环保总局巡视员，中国环境科学学会理事）

　　　　　金周英（北京软技术研究院院长、研究员）

　　　　　周宏春（国务院发展研究中心研究员，中国自然资源学会理事）

　　　　　夏　光（国家环保总局研究中心主任、研究员，中国环境科学学会理事）

　　　　　徐凤翔（北京灵山生态研究所所长、教授）

　　　　　董光璧（中国科学院自然科学史研究所研究员）

　　　　　蒋有绪（中国林业科学研究院研究员，中国科学院院士，中国生态学会常务理事）

前 言

地球，与其说是祖先留给我们的，不如说是子孙借给我们的。

地球能满足人类的需要，但满足不了人类的贪婪。

人类若不能与其他物种共存，便不能与这个星球共存。

森林是地球的肺，损伤了肺，地球就会窒息；湿地是地球的肾，破坏了肾，地球便无法排解毒素。

水是生命的源泉，珍惜水源也就是珍惜我们的生命。

幸福生活不只在于衣食享乐，也在于碧水蓝天。

对待环境的态度表现着一个人的素质和教养。

拯救地球，从生活中的细节做起。

胡锦涛同志在中央人口资源环境工作座谈会上的讲话中指出：

牢固树立和认真落实以人为本，全面、协调、可持续的发展观，切实抓好发展这个党执政兴国的第一要务。

坚持以人为本，全面、协调、可持续的发展观，是我们以邓小平理论和"三个代表"重要思想为指导，从新世纪新阶段党和国家事业发展全局出发提出的重大战

略思想。科学发展观总结了20多年来我国改革开放和现代化建设的成功经验,吸取了世界上其他国家在发展进程中的经验教训,概括了战胜"非典"疫情给我们的重要启示,揭示了经济社会发展的客观规律,反映了我们党对发展问题的新认识。

温家宝同志在中央党校省部级主要领导干部"树立和落实科学发展观"专题研究班结业式上的讲话中指出:

我们党提出的科学发展观,根据马克思主义辩证唯物主义和历史唯物主义的基本原理,总结了国内外在发展问题上的经验教训,吸收人类文明进步的新成果,站在历史和时代的高度,进一步明确了新世纪新阶段我国要发展、为什么发展和怎样发展的重大问题。

曾庆红同志在中央党校省部级主要领导干部"树立和落实科学发展观"专题研究班开班式上的讲话中指出:

提出科学发展观,是我们党对社会主义市场经济条件下经济社会发展规律在认识上的升华,是我们党执政理念的一个飞跃,具有重要的现实意义和深远的历史意义。

目 录

前 言

第一章 地球，人类赖以生存的家园 2
    1. 得天独厚的生命摇篮 2
    2. 守护生命的机制 14
    3. 生命赖以生存与繁衍的物质基础 18
    4. 巧妙、和谐的生态系统 26
    5. 地球的明天掌握在今天的地球人手里 36

第二章 非理性的发展威胁着人类的生存 42
    1. 地球不堪承受之重 49
    2. 无限的欲望与有限的资源 54
    3. 这还是适宜人类居住的地球吗 80
    4. 大自然的报复 113

第三章 与自然和谐发展，人类的希望所在 120
    1. "绿色"呼唤科学的决策方式 122
    2. "绿色"呼唤科学的生产方式 136
    3. "绿色"呼唤科学的生活观和消费观 150
    4. 用理性的技术之剑开辟通往人与自然和谐发展之路 156

第四章 以人为本，全面、协调、可持续的发展观 176
    1. 科学发展观是我党对发展观理论的重大贡献 178
    2. 坚持以人为本，是科学发展观的本质和核心 180
    3. 在全社会大力宣传和普及科学发展观 181

后 记 182

第一章 地球，人类赖以生存的家园

1. 得天独厚的生命摇篮

浩瀚宇宙，茫茫太空，到底有多少星球在运转？这是一个很难回答的问题，因为宇宙实在是太广袤无际了。单就银河系来说，仅恒星就有2 000多亿颗；而天文学的研究表明，在宇宙中，类似银河系的星系是数以千亿计的。那么，在浩瀚宇宙不计其数的星球中，有多少星球拥有生命呢？这同样是一个很难回答的问题，因为人类的触角毕竟有限。我们只能说，至少在目前人类所掌握的现代观测技术所能企及的视野范围内，除了地球之外，目前我们还没有发现第二颗星球有生命存在或适合生命生存。地球是已知所有生命的唯一居所。

银河示意图

ZI RAN JIAN SHI

太阳系的形成步骤

小知识：恒星与行星

恒星由炽热的气体组成，没有固态的表面，气体依靠自身的引力聚集成球体，太阳就是一颗恒星。行星是环绕恒星运行的天体，恒星区别于行星的一个最重要的性质是它自己能利用核反应产生能量，在相当长的时间内稳定地发光。

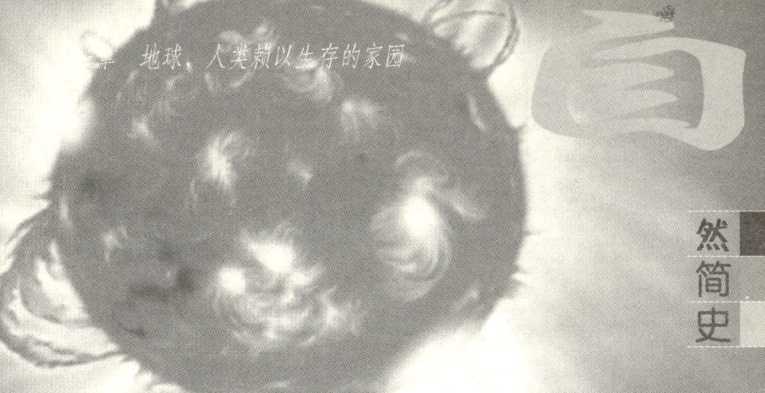

太阳是一个巨大的火球,表面温度高达 6 000℃

太阳系大家族

宇宙起源的大爆炸理论认为,宇宙诞生于约 150~200 亿年前的大爆炸,在经过急剧膨胀后演化为现在的宇宙。

太阳系的形成是从约 50~60 亿年前飘荡于银河系内的云团的收缩开始的,在大约经历了数千万年之后,云团中心形成了一个高温、高压、高密度的气体球,即太阳。

在原始太阳的引力和旋转离心力的作用下,在外围旋转的物质被甩到一定距离,但仍围绕着太阳旋转。被甩开的星云物质之间相互碰撞、吸引而聚合起来,逐渐形成了地球、火星、土星等围绕太阳旋转的行星。

太阳是一个由炽热的气体组成的大火球,它是太阳系中最重要的成员,不仅集中了太阳系总质量的 99.8%,控制了太阳系里所有的天体,使它们时刻围绕着自己公转,而且还与行星是否能诞生生命直接相关。离太阳太近了,行星将成为一个炽热的熔炉,生命无法生存,如水星;离太阳太远了,行星将成为一座寒冷的冰窖,生命同样无法生存,如木星、土星、天王星、海王星和冥王星。

不孕的兄弟姐妹

距太阳位置比较适中的星球只有金星、地球和火星。那么，为什么金星和火星并没有像地球一样孕育出生命呢？

金星是离地球最近的行星，大小、质量和平均密度与地球相近。科学家们认为，在形成的最初阶段，金星和地球的经历大致相同，甚至和地球一样产生过原始海洋。但由于金星比地球更靠近太阳，所以随着太阳亮度的增加，金星地表温度迅速上升，使海水蒸发殆尽。而浓厚的二氧化碳大气所产生的温室效应使金星地表温度居高不下，持续的高温终于迫使它走上了与地球截然不同的演化之路。

火星是距地球次近的行星，也是九大行星中物理特征与地球最为接近的，但火星的大小只有地球的1/7，这意味着火星在形成期所释放出的重力能要比地球小得多，无法形成像地球和金星一样的岩浆海。即便形成，也只能是"池"，达不到"海"的程度。因地表温度较低，也无法形成像地球一样的原始水蒸气大气。

尽管与地球相比，火星拥有种种的先天不足，但人类还是对火星生命存在幻想，自1960年以来向火星发射了数十枚探测器，但并没有发现火星有生命的痕迹。不过，据目前仍在火星工作的"勇气""机遇"号火星车和在火星轨道工作的"火星快车"等探测器的最新探测结果表明，火星曾有一个水世界。

地球演化过程

金星演化过程

第一章 地球，人类赖以生存的家园

自然简史

地球
太阳系的天体中，目前确认有生命存在的只有地球

金星
由于浓厚大气所造成的温室效应，使金星的地表成为一个炙热的世界

火星
现在的火星地表上拥有冻结的水，并有液态水曾经流动的痕迹

火星演化过程

地球——生命之星

地球是茫茫宇宙无数天体中的一个,是太阳系的九大行星之一,按距太阳由近及远的顺序排名第3,按赤道半径排名第5,按密度排名第1。地球公转周期为365日,自转周期24小时,自转轴倾斜度为23.44°,有明显的四季之分,拥有月球1颗卫星。

地球表面积的71%被海洋覆盖,是太阳系中唯一拥有大量水资源的行星,从太空回望我们的地球,地球是一颗非常美丽的"蓝色之星"。地球也是太阳系中唯一拥有生命的行星,是名副其实的"生命之星"。

科学家认为:地球的年龄大约为46亿年,最早的生命大约在40亿年前诞生于原始海洋,各种有机物通过雨水的作用在这里汇集,不断地发生化学反应,逐渐由简单的有机物聚合成有机大分子蛋白质和核酸等。

原始地球的大气中没有氧气,最早的原始生命是非细胞形态的厌氧异养生物。随着有机物在原始海洋中逐渐消耗殆尽,地球上出现了能进行光合作用的自养生物,使早期的生物界具备了自养与异养、合成与分解两个环节,形成了一个完整的生态系统。并且,自养生物进行的光合作用,给原始大气带来了氧气,生命进化由此迈上了一个崭新的台阶。如果没有氧,包括人类在内的绝大多数地球生命将无法生存,生命将只能永远停留于最原始的厌氧生命状态。

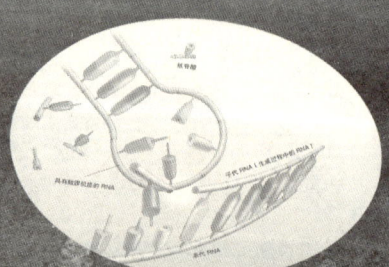

目前一般认为,地球生命的演化源自RNA的自我复制

原始地球上的有机物生成想象图

第一章 地球，人类赖以生存的家园

自然简史

地球的四季

北冰洋

大西洋

太平洋

美丽的"蓝色之星"

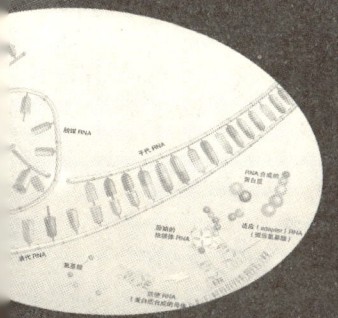

小知识：异养和自养、厌氧和需氧

　　按生物体同化作用方式的不同，生物新陈代谢的基本类型可分为自养型和异养型两种。前者直接把从外界摄取的无机物转变为自身的组成物质，并储存能量；后者不能直接利用无机物制成有机物，只能把外界现成的有机物转变成自身的有机物，并储存能量。

　　按生物异化作用方式的不同，生物新陈代谢的基本类型可分为需氧型和厌氧型两种。前者必须不断地从外界环境中摄取氧来氧化分解自身的组成物质，以释放能量，排出二氧化碳。后者不需氧，依靠酶的作用使有机物分解，以获得进行生命活动所需要的能量。

9

根据世界各地发现的埃迪卡拉生物群化石复原而成的海底想象图。埃迪卡拉生物群繁盛于6亿年前,它们大多身体扁平,没有骨骼和壳等硬组织,与今天的生物有很大差异

鱼石螈生活在3.6亿年前,是泥盆纪四足动物的唯一代表,是最早登上陆地的脊椎动物之一

由于人类的滥砍滥伐、资源的过度开发及环境污染等因素,生物的灭绝速度明显加快。据国际自然保护协会2000年版《生存濒危物种红皮书》的报告,过去400年间灭绝的动物种数已高达726种!

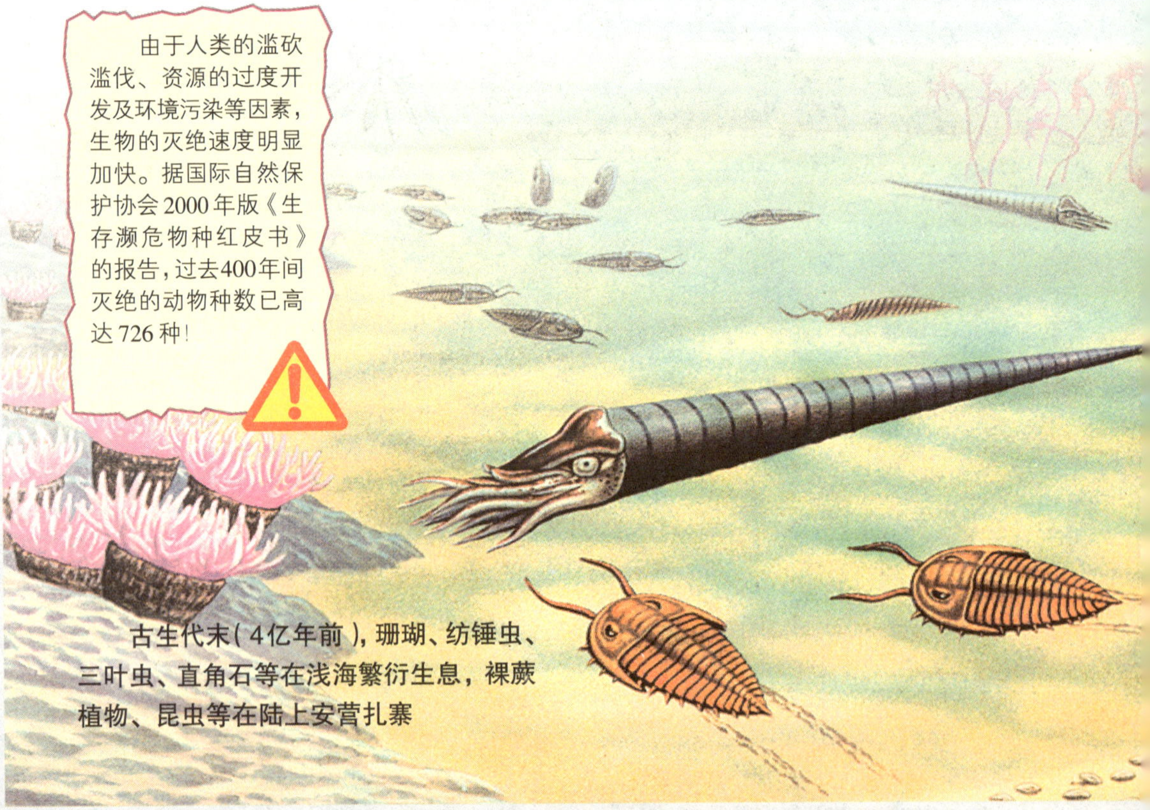

古生代末(4亿年前),珊瑚、纺锤虫、三叶虫、直角石等在浅海繁衍生息,裸蕨植物、昆虫等在陆上安营扎寨

第一章 地球，人类赖以生存的家园

地球生物大灭绝化石群想象图

单细胞的原核生物经过十几亿年的分化、增殖，在距今约12亿年前进化为多细胞生物，生命由简单向复杂多样迈出了重要的一步。6亿年前时，大气臭氧层形成，生物开始急剧多样化。在距今约4亿年前时，由于强烈的造山运动，海洋面积缩小，陆地面积扩大，生物开始由海洋向陆地进发。最早登上陆地的是由绿藻进化的裸蕨植物，随后又有多种动、植物完成了登陆的壮举，地球开始以崭新的面貌出现在茫茫宇宙。

然而，欣欣向荣的古生代生物群却在2.5亿年前时突然结束。据估计，当时栖息于海洋的无脊椎动物种有96%遭到了灭绝，有人认为大灭绝与引发联合古陆分离的地幔内部的巨大上升流有关。

在地球40亿年的生命演化史上出现过不计其数的物种，但它们中的大多数已经灭绝了。据有关统计分析表明，生命演化过程中每百万年就会有5个科或180~300个种的生物消失。除了这样的常规灭绝外，还发生过23次非正常的生物大灭绝，并且有周期性可循，每过约2 600万年，就会有约20个科或1 200个种在很短时间内从地球上消失。但在每次大灭绝后，总会有新的生物群登场，使生物圈的物种得到大规模的替换，地球生命之火就这样生生不息地传递了下来。

在距东非大裂谷2 500千米的托鲁斯美纳拉发现的距今700~600万年前的沙赫猿人化石，可能是人类的祖先

白垩纪时的地球景象：天上飞的、地上走的、水里游的，大多是爬行动物

中生代（2.5亿年前~6 500万年前，包括三叠纪、侏罗纪和白垩纪）时的地球是爬行动物的天下，海、陆、空几乎全被爬行动物占领：飞龙、翼手龙在空中盘旋，蛇颈龙、鱼龙在海中游弋，梁龙、雷龙、剑龙在陆上巡行。但在6 500万年前，地球生命再次遭受大灭绝的厄运，恐龙及其他一些爬行动物遭到灭顶之灾。

恐龙曾经称霸地球近1.5亿年之久，但无论它们有多么的强大，有多么的繁盛，在生命进化的长河中都已经成了永远的过去时。相反，在中生代时一直过着隐秘生活的一些小型哺乳动物却以恐龙的灭绝作为拓展生活圈的起点，迅速辐射进化，成为新生代第三纪（距今7 000万年~300万年前）时地球的统治者。

最近的300万年，地史上叫第四纪，是人类时代。人是哺乳动物灵长类中的一员，目前栖息在地球上的灵长类约有200种。迄今已知最早的人类是700万年前的沙赫猿人，但因化石材料很少，所以它们是否就是最早的人类，还有待进一步研究。有较大量化石为依据的最早期人类是300多万年前的南方古猿阿法种。

现代人的历史大约只有15万年，并在大约3.5万年前发明了交流思想的语言，接着在1万年前后发明了畜牧和种植，在5 000年前由于发明了文字而进入文明时代，缔造了独一无二的地球文明。

与茫茫宇宙中亿万颗星球相比，地球可谓集万千宠爱于一身。正是在它得天独厚的摇篮里，孕育了灿烂的人类文明。

第一章 地球，人类赖以生存的家园

很多人认为是陨石撞击地球造成了恐龙的灭绝

小型哺乳动物以恐龙的灭绝作为拓展生活圈的起点

从猿到人的历程：最早的原始灵长类——近兔猴类在恐龙时代结束时（6 500万年前）出现，在约700~500万年前，人类与类人猿开始走上不同的演化之路

13

2. 守护生命的机制

地球上的生命是从有机物开始一步一步地进化而来的,从核酸、蛋白质到原核细胞生物,从原核生物到真核细胞的原生生物,从单细胞生物到多细胞的植物、动物和真菌,从爬行动物到哺乳动物再到人类的诞生,历经了40亿年的风风雨雨。伴随着漫长的生命演化过程,地球也形成了一整套完善的保护生命生存与发展的机制。

生命守护机制保障了地球生命的安全。如果没有地球磁场、臭氧层和大气,地球上的生命即使存在,也只能栖息在深海或地下深处,永远不可能见到天日,除非它们拥有"金刚不坏之躯"——不仅能抵挡宇宙射线的伤害,而且能抵挡冰与火的交替侵袭。

二氧化碳的循环

地球大气中的二氧化碳等气体具有类似于温室的功能,它们能让阳光透过大气,并阻断地面热量向外层空间散发,造成近地层增温。46亿年前,当太阳脱离初生时的阴暗逐渐增加亮度时,如果地球大气中的二氧化碳不减少的话,持续高涨的温室效应将使地表温度逐渐升高,原始海洋将会像在金星上一样蒸发殆尽,那么也就不可能有地球40亿年的生命演化史了。

在地球最初形成的6亿年间,原始大气中的二氧化碳随雨水融入大海,和碳酸氢离子及钙等发生反应,形成碳酸钙沉入海底,碳酸钙在大陆边缘流入地幔后被分解,二氧化碳经由火山喷发又回到大气中。太阳亮度增加,下的雨会越多,温室效应就会减弱,使地球气温维持在生物能够生存的程度。

守护生命的机制在地球演化的过程中形成

大气中的二氧化碳减少

强磁场诞生

原始海洋

臭氧层形成

第一章 地球，人类赖以生存的家园

自然简史

二氧化碳

碳酸钙

重碳酸离子 + 钙离子

二氧化碳的循环

微行星撞击
岩浆海

地壳开始形成

经温室效应气体吸收、释出

向宇宙释出
太阳光（太阳辐射）
经云等反射
红外线

> 温室效应的机制：到达地球的太阳辐射约30%被云等反射，约70%被地表吸收后转变成热，使地表温暖。地表温暖后，红外线将从地表辐射出去，部分释放到外层空间，部分被二氧化碳、甲烷、氟利昂等温室效应气体吸收。被吸收后的红外线还会再度辐射，其中往下辐射的红外线仍会使地球温暖。

15

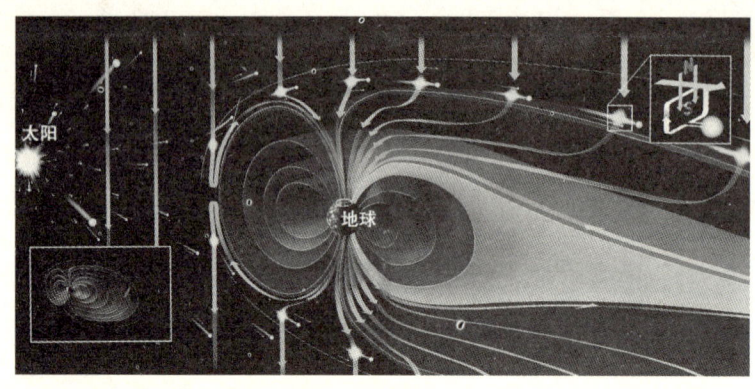

太阳风与地球磁场的较量：太阳风对地球磁场施加作用，但在地球磁场的反抗下，不得不绕过地球磁场向前运动。受太阳风的影响，面向太阳的一侧，地球磁层被压扁，而背太阳的一侧，磁层被拉长

地球磁场

地球分为地壳、地幔和地核三层，而地核又可分为外地核、过渡层和内地核三层。外地核的物质成熔融状态，熔融物质的对流运动产生了类似磁铁棒的作用，使地球形成磁场。35亿年前左右的岩石显示地球已经有磁场，更早些时是否有，因无岩石作证，所以不能确认。但是已知40亿年前左右，已经有形成地球磁场的地核存在。到了26亿年前左右时，地球磁场已经像现在这么强了。

磁场把地球笼罩在太阳风和宇宙线吹不到的磁层中，作为地球大气的最上界，成为抵挡外来"杀手"的第一道防线，有效地避免了太阳射出的高速粒子流对地球生命的伤害。

臭氧层

地球磁场虽然挡住了太阳风，但对另一个生命杀手——紫外线却无能为力，地球生命还需另一道屏障——臭氧层。

臭氧层位于离地表10~50千米高处的平流层。27亿年前，能进行光合作用的自养生物在地球骤增，它们释放出的氧聚积在大气中，在大气的上层分解为氧原子，氧原子又和氧分子结合，形成臭氧分子。在大约6亿年前，臭氧层终于形成。正因为有了它，在海中生息繁衍了30多亿年的生命终于得以登上陆地，踏上新的生命进化历程。

如果宇宙间真有造物主的话，我们不禁感叹其造化神功：它为生命和人类的诞生与繁衍造就了如此精巧、完美的地球环境。

第一章 地球,人类赖以生存的家园

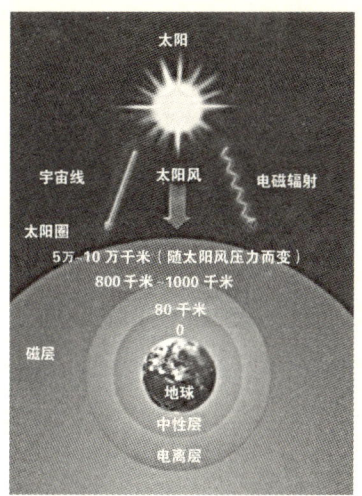

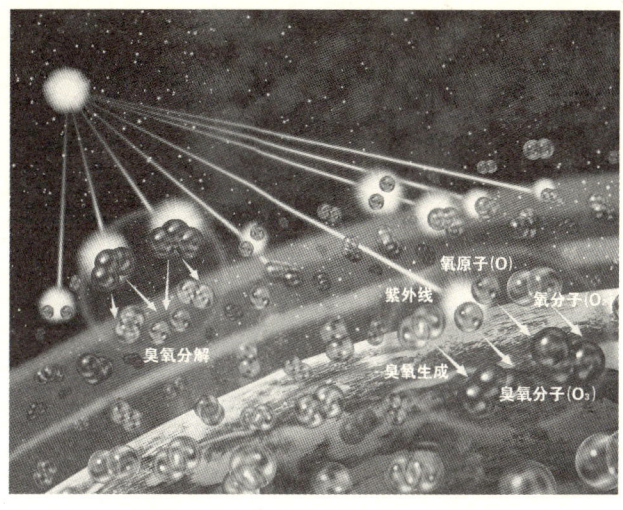

日地之间的太空空间按电磁特性分层,可分为太阳圈、磁层、电离层和中性层4层。磁层是保障地球生命安全的第一道屏障

在太阳系的行星中,只有地球拥有臭氧层,它是保护生命免受紫外线伤害的防护服

图中红色的斜线代表的是宇宙线和太阳风,地球磁场(空中紫色区域)是保护生命免受其伤害的坚实屏障;紫外线(蓝色斜线)则归由臭氧层(空中粉色区域)抵挡

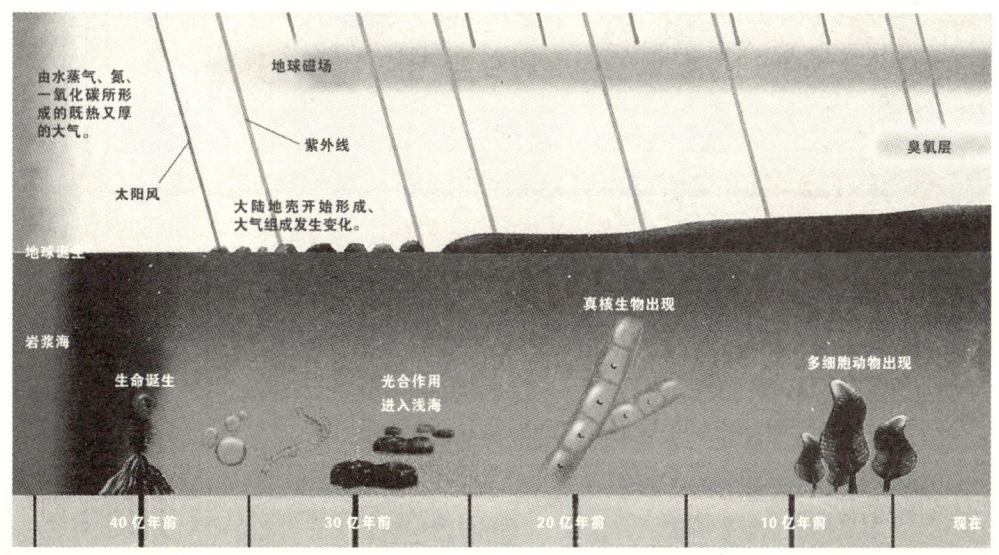

3. 生命 赖以生存与繁衍的物质基础

地球是一个生机勃勃的生命世界，从深海不见天日的热液喷出孔周围，到酷寒之地的南极洲干燥谷；从不毛之地的沙漠，到光秃秃的岩石表面……到处都有生命的痕迹。地球上到底有多少生命呢？这个问题目前还没有明确答案。生命到底是什么？目前也没有一个明确的定义。但有一点可以肯定的是，不管是何种生命，都具有新陈代谢和繁殖后代的特征，这就决定了它们必须从其周围的环境中获取进行生命活动所需的食物、水、栖息地和其他物质。

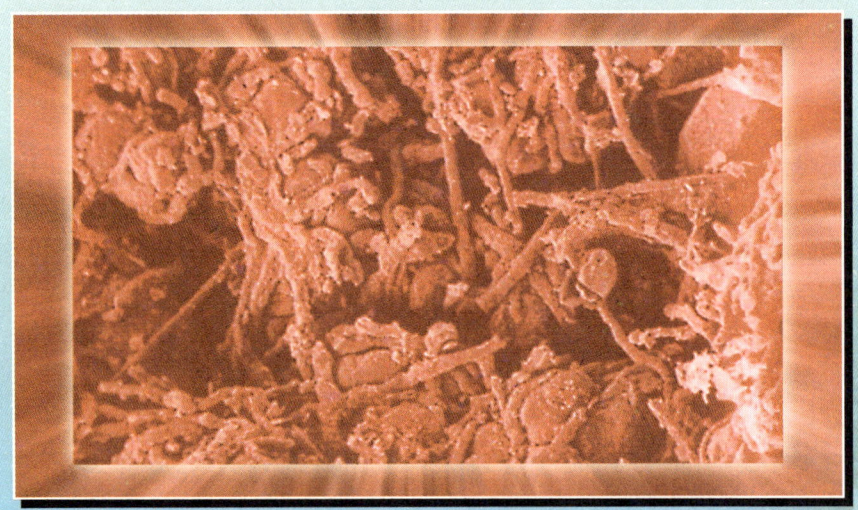

隐身南极洲干燥谷砂岩内的顽强生命的特写镜头

科学家在印度洋水深 2 450 米的热液喷出孔周围，发现了大量的白色无眼小腹虾和海葵等生物，热液的温度高达 360℃，生命的顽强着实让人吃惊！

第一章 地球，人类赖以生存的家园

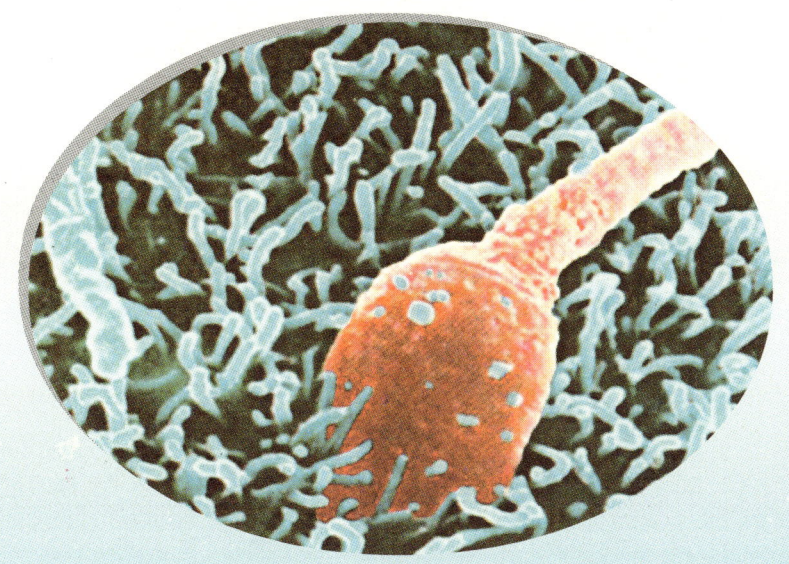

没有一个生命能永生不死，但生命拥有的繁殖功能却能使它们生生不息地代代繁衍下去。图为人类生命诞生的最初一瞬

太阳能

太阳的光和热是地球生命不可或缺的能量源泉。地球表面的四个圈层，即大气圈、水圈、岩石圈和生物圈主要在太阳能的作用下进行着物质循环和能量流动。正是在太阳能的作用下，地球表面呈现出万物竞新、生生不息的景象。没有太阳能，也就没有地球40亿年的生命演化史。

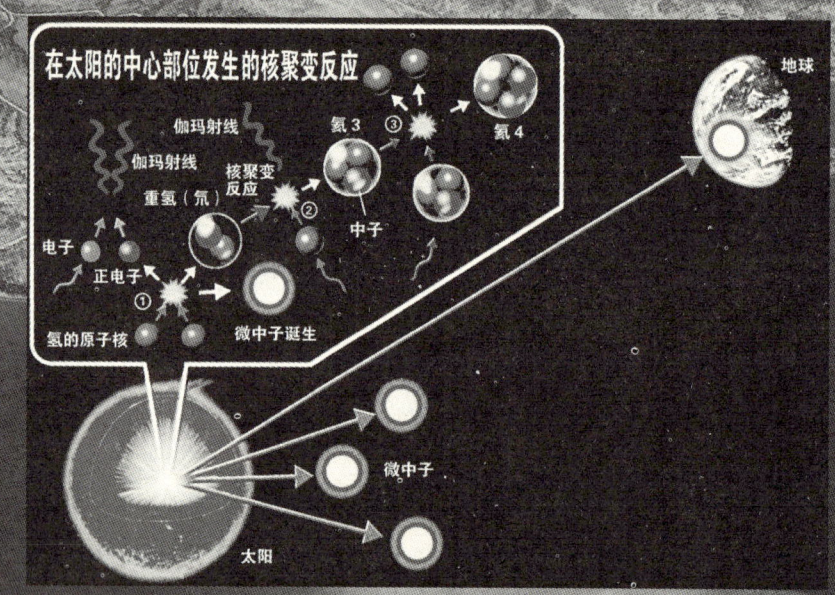

太阳中心剧烈核反应产生的太阳辐射能以光和热的形式影响地球

第一章 地球，人类赖以生存的家园

能量的传递

水循环指地球水圈中的液态水、固态水和气态水在外力作用下相互转化的连续过程。地球上永无止息的水循环，其原动力就是太阳能。

生命的保护伞——大气圈

大气是包围地球的空气总体，由约78%的氮、约21%的氧和少量的氢、二氧化碳、氦、氖、氩、氪、氙和臭氧等气体及水、尘埃等组成。按热力性质分层，大气圈由下至上分为：对流层、平流层、中间层、热层和外逸层。按电磁特性则分为中性层、电离层和磁层。

大气圈不仅保护生物免遭太阳辐射的伤害，阻挡大部分流星体对地球表面的撞击，也为地球生命提供了恰如其分的诸如空气、气温、气压、湿度、风速等必需的生存条件。

大气循环的机制

生命之源——水圈

地球有71%的面积被水覆盖，是太阳系中唯一拥有大量水资源的行星，整个地球水的总储藏量达13.9亿立方千米。

水圈是地球表层水体的总称，包括海洋、河流、湖泊、沼泽、冰川、积雪、地下水和大气圈中的水等。水圈是地球生命的摇篮，地球最初的生命就诞生在原始海洋中。水也是维持生命生存的基本要素，没有水，也就没有生命可言。并且，水也是大多数生物体的主要组成部分，如人体大约65%是水。

不过，虽然地球大部分的表面积被水覆盖，但其中97.42%是咸水，淡水只占2.58%，并且约77%的淡水以极地冰帽和高山积雪或冰川的形式存在。因此，真正可利用的水资源并不多。

从空中拍摄的积雨云

 现在大气的成分并不是永不再变的，除了自然条件的变化对大气组分造成的影响之外，人类活动也将极大地影响大气的组分！

第一章 地球，人类赖以生存的家园

从空间站上看美丽的地球家园，占地球表面面积71%的海洋使地球呈蓝色

中华民族的母亲河——黄河

23

生命的根基——岩石圈

从地表到地下平均约60千米厚的地球固体层，即"岩石圈"，包括整个地壳及上地幔的一部分。

岩石圈不仅是生物和人类依附的场所，还是江河湖海的依托，并且是各种圈层相互影响、相互作用最为集中的地方。岩石圈还是人类所需矿产资源、土地资源的供给地。人类在地面上进行建设，无论是开凿运河、兴修水利，还是建设城市、修建道路等等，无一不是与岩石圈打交道。此外，地壳运动、火山、地震、山脉形成等自然现象的发生，也都与岩石圈的活动有着直接关系。

岩石圈既是江河湖海的依托，也是生物和人类依托的场所

"土壤是岩石圈表面的疏松表层，它不仅为植物提供必需的营养和水分，而且也是土壤动物赖以生存的栖息场所，图为东北平原开垦中的黑土地"

生命的疆域——生物圈

生物圈就是指地球上动植物及微生物所存在与活动的圈层,是地球上最大的生态系统。生物圈不仅包括生物本身,也包括生物赖以生存的环境,无论大气圈、水圈还是岩石圈,凡是适于生物生存的范围都是生物圈的组成部分。

大气圈中的生物主要集中于下层,即与岩石圈的交界处,但直到海拔9 700米左右的高处,还可以找到一些昆虫和单细胞组织;水圈中几乎到处有生命,一直到海平面以下11千米处,还有生命的踪迹,但水圈中的生命主要还是集中于表层和浅水的底层;在岩石圈中,人类发现的生活在最深处的生物,是位于地底下2千米处以石油矿层中的碳氢化合物为食物的细菌。

土壤是地表岩石经风化作用产生的疏松层,主要成分包括矿物质、有机质、土壤水分和土壤空气,是生物生活的重要基础

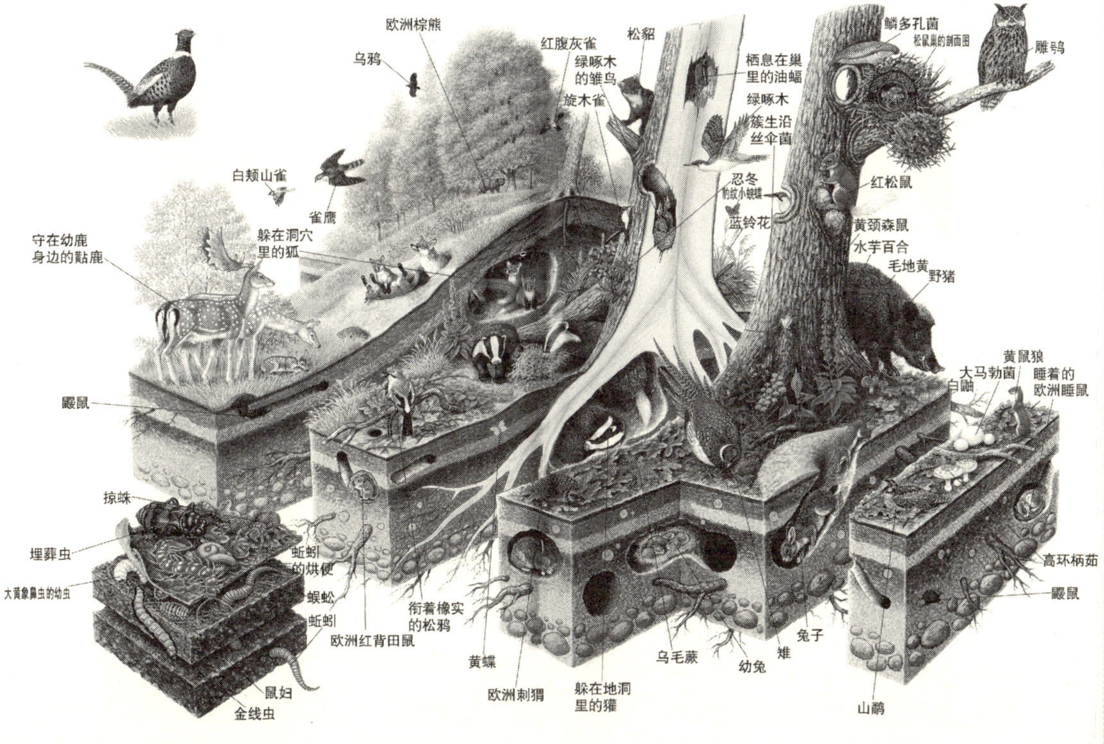

ZI RAN JIAN SHI

最大的蓝鲸体长31米，体重180吨以上

非洲象体长约6米

人

生物个体的个头相差相当悬殊，小的凭肉眼根本看不见，大的则可达到人类个头的数十倍。图为人类与陆地上最大的动物——非洲象及海洋中也是世界上最大的动物——蓝鲸的大小对比

4. 巧妙、和谐的生态系统

　　生物圈中最小的生物单位是生物个体，若干个个体生活在一起形成种群，若干个种群一起构成群落，一定空间内的生物群落及其所处的非生物环境形成一个生态系统，生物圈可以看做是地球上最大的生态系统。

　　在生态系统中，一种生物以另一种生物为食物来源，而另一种生物又以第三种生物为食物来源……由此在多种生物间形成一个以食物关系联结起来的食物链。食物链中的成员分三种：通过光合作用自己制造食物的生产者；以其他生物为食物的消费者；分解废物、生物尸体，并将组成生物的原料重新释放回环境的分解者。

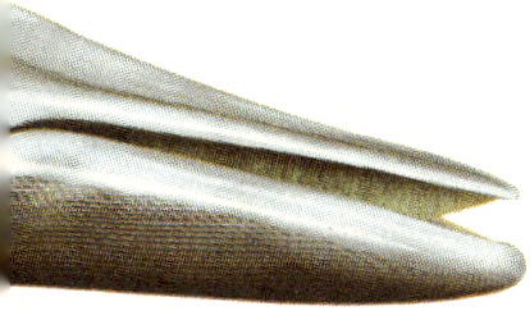

第一章 地球，人类赖以生存的家园

猫吃蓝山雀和鸫之类的鸟

大鸟吃小鸟

小鸟吃食蚜蝇的幼虫

雀鹰吃小鸟

食蚜蝇的幼虫吃蚜虫

蜘蛛吃蚜虫，又被鸟吃

蚜虫吃植物

燕子吃蚜虫等昆虫

植物是动物和真菌等分解者的食物

鸫吃蜗牛

獾吃植物和鼷鼠、甲虫及蠕虫之类的小动物

真菌和细菌以植物为食

鼹鼠吃昆虫

蜗牛吃植物

蚯蚓吃死了的动植物

甲虫吃蚯蚓

图中所示是一个林地生态系统的食物网，现实世界的食物网要比这错综复杂得多

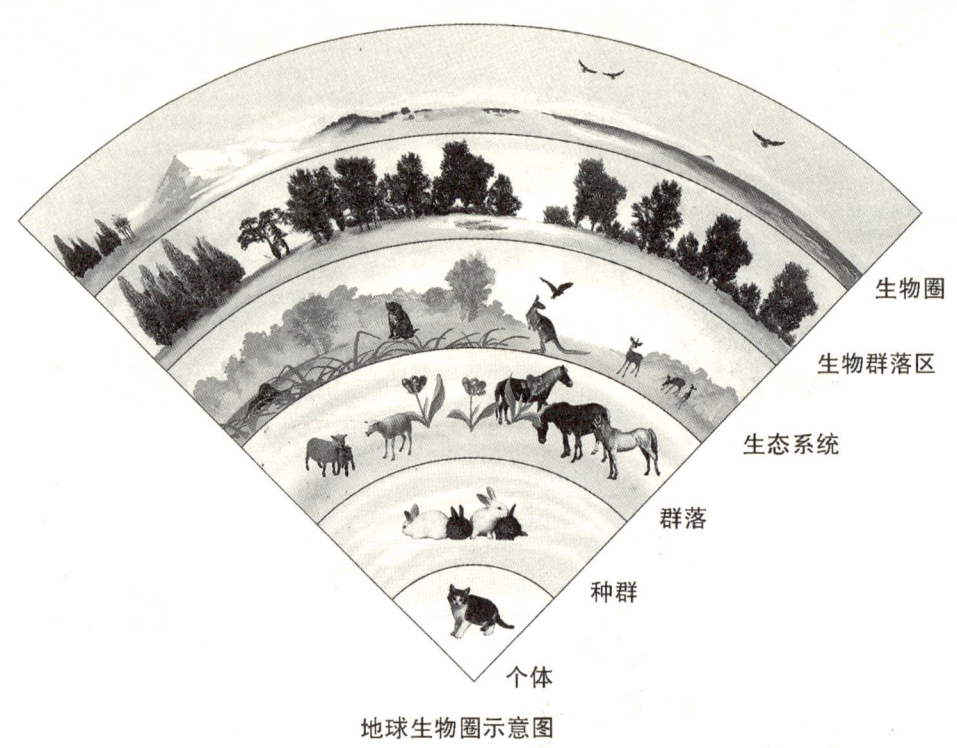

地球生物圈示意图

　　食物链使水、碳、氮、磷、硫等化学元素在生物界与非生物界间生生不息地循环，芸芸众生的命运也通过食物链相互联结在一起。而很多物种并不是只吃一种食物，因此它们就会出现在不同的食物链中，形成错综复杂的食物网。每种生物包括人类都是这个错综复杂的食物网中的一个结点，而每个结点的变化都会对其他物种造成或多或少的影响。

　　人类是地球生物大家庭中的一员，也是地球生物链中的一个环节。生态系统任何一个环节的变化，都有可能对人类造成直接或间接的影响。

　　生态系统的大小不是固定的，一棵树、一座珊瑚礁，甚至一滴水都可以成为一个生态系统；生态系统也不是孤立的，食物和能量常在各个生态系统间流动，形成互相依赖的关系。

第一章 地球，人类赖以生存的家园

自然简史

29

在地球40亿年的生命演化史中，曾出现过无数的生命，科学家估计至少有1 500万种，但其中大多已经灭绝了，并且仍不断地有物种在灭绝中。地球上现存的生物估计有200~450万种，它们具有多种多样的形态结构和多种多样的生活方式。

热带雨林的面积虽然只占地球表面积的7%，却包含了全世界一半以上的生物种类，是生物多样性最丰富的生态系统

第一章 地球，人类赖以生存的家园

生物圈中的每个生态系统都包含了多种多样的生物物种，生物多样性因地而异。在一个生态系统中，影响生物多样性的因素包括地区、气候和小环境的差异。总的来说，从地球南北两极到赤道，生物多样性是越来越丰富。

珊瑚礁是世界上物种第二丰富的生态系统，占海洋面积不到1%，却是世界上20%的海洋鱼类的栖息地

生物多样性使生态系统在遭遇突然变化时，仍然可以有许多可以替代的食物链，使该生态系统乃至整个地球的生命之火可以生生不息地传递下去。

生物多样性的含义应包括生物种数多样性、生物群落多样性、生态系统多样性、基因多样性和景观多样性等几个层面。其中最基本最重要的当然是生物种数多样性，只要种数多样能够保全，其他各项自然能够成立。如果没有人为因素干预的话，自然界的所有生物都遵循着"优胜劣汰，适者生存"的法则。大千世界的芸芸众生正是在这种生存法则的制约下，维持着整个生态系统的协调与发展。

沙漠的生存条件无疑极端恶劣，但还是有很多生物适应了这种恶劣的生存条件，为素称"不毛之地"的沙漠带来缕缕生机

热带稀树草原的气候分雨季和旱季，牛羚、斑马随季节变换，结成大群迁徙，狮子、鬣狗等则会伺机出击那些体弱掉队者

第一章 地球，人类赖以生存的家园

真假难辨：昆虫的拟态是大自然表现生物多样性及生物生存策略千百种形式中的一种

沙鸡是沙漠中特有的鸟类，每隔两三天（炎热时每天）需饮水一次。图为正在给孩子运水的沙鸡爸爸，它利用胸部的羽毛吸水，将水带回

ZI RAN JIAN SHI

山西平朔安太堡露天煤矿

生物资源——大自然对人类的慷慨馈赠

　　对于人类来说，多种多样的生物无疑为人类提供了多种多样的生物资源。从最简单的方面来说，生物多样性可以满足观赏的需要，能让人开阔眼界、增长见识。从现实的角度来说，人类的衣食住行，哪一样也离不开生物，除了为人类提供食物和氧气之外，一些生物还提供了制造衣物、药品、纸张、建筑和家具等诸多方面的原材料。而目前没有人能知道大自然究竟还有多少种有用的生物资源尚未被发现。

　　人类对能源的需求是不言而喻的，人类社会的生产和生活，依赖于能源的大量消费。在漫长的农业时代，薪柴能源的广泛应用，成为当时社会发展的重要能量源泉。进入工业社会以后，煤炭、石油和天然气成为人类经济和社会发展的重要支柱，直到现在，能源消耗仍然以这三种化石燃料为主。无论是煤炭，还是石油、天

生态旅游是现在的热门名词，它给游客带来的是享受，给当地人带来的是收入，但对于生态环境来说却有可能带来的是破坏

中国东海舟山海水养殖场

第一章 地球，人类赖以生存的家园

自然简史

石油生成方式

然气，它们都是亿万年前的古生物遗骸经长期的地质作用和物理、化学作用形成的，是亿万年前大自然留给人类的宝贵遗产。人类正是依靠这笔遗产，在最近的短短两个多世纪的岁月里创造出了亘古未有的灿烂文明。

当我们享受着现代文明所带来的福祉之时，不应忘记大自然所给予的无私恩惠，它是我们赖以生存和繁衍的根基。

人类所吃的药品，3%的成分来自动物，13%的成分来自微生物，25%的成分来自植物。但迄今为止，在人类了解的植物中，只有约2%的品种用来制药

南海油田钻井平台

35

5. 地球的明天 掌握在今天的地球人手里

虽然人类缔造了独一无二的地球文明,但地球40亿年的生命演化史无时无刻不在提醒着人类:与其他任何生命一样,人类也是自然界的产物。我们每个人的身体中至今仍保留着宇宙演化的遗迹,人体中的微量重元素是50~100亿年前的超新星爆发时的产物,铁、碳、氮、氧和钙等是在恒星形成阶段产生的;锂、铍、硼等是来自星际的宇宙线;氢和氦等则可能要追溯到宇宙形成的早期。

人类必须清醒地意识到一点:地球生命绝非是一蹴而就的,生物圈的形成是大气圈、水圈与地壳及诸多因素之间长期相互接触、渗透与影响的结果。虽然对于"万物之灵"的人类来说,科学技术尤其是生物技术的发展已经使得人为地制造一个新物种成为可能,但要想制造一个类似地球生物圈这样的生态系统却绝非易事。

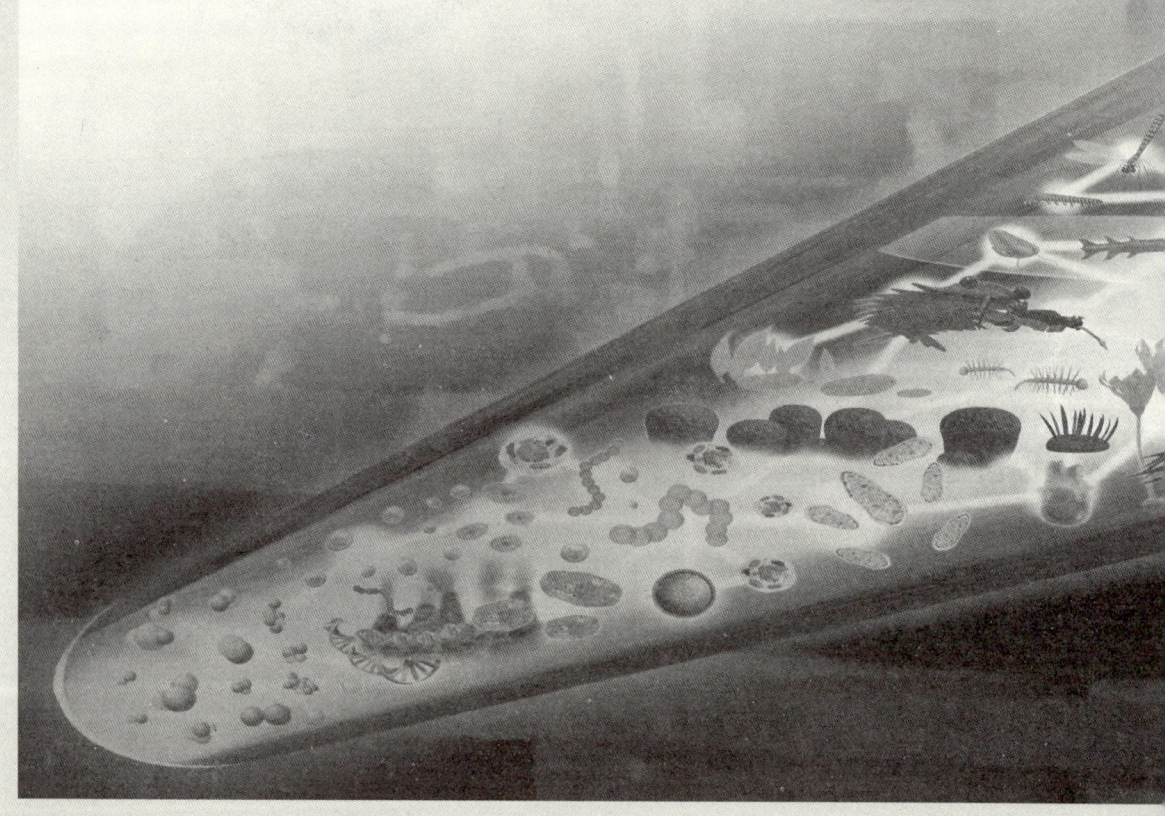

第一章 地球，人类赖以生存的家园

自然简史

人类是自然界的产物

37

ZI RAN JIAN SHI

20世纪80年代，美国曾耗资1.5亿美元，历时6年建成一个再生式密闭生态系统——"生物圈2号"，试图人为地创造一个能像地球一样自我循环维持生命的生态系统。第一批科研人员8人、第二批科研人员7人分别于1991年和1994年进驻圈内，但实验最终以失败告终。在"生物圈2号"内引种的3 800种动植物，有的断子绝孙，有的泛滥成灾，实验人员则因圈内生态极度恶化不得不提前撤出。美国是当今世界上拥有最多财富和最高技术水平的国家，尚且无法再造一个能够维持七八个人生存的小型生态系统，地球大生物圈的独一无二与复制的困难性由此可见一斑。

如果人类只图一时之利，破坏了哪怕是生态系统的一个小小环节，造成的也许将是千古遗恨，从而使自称"万物之灵"的人类成为"万物之祸"。

这张照片摄于第一批科研人员入住圈内后的第二年，受粮食不足和郁闷情绪的影响，他们的表情、体格与实验开始时相比，已有了惊人的变化

"生物圈2号"外观，这一再生式闭环生态系统以地球为当之无愧的"生物圈1号"而命名

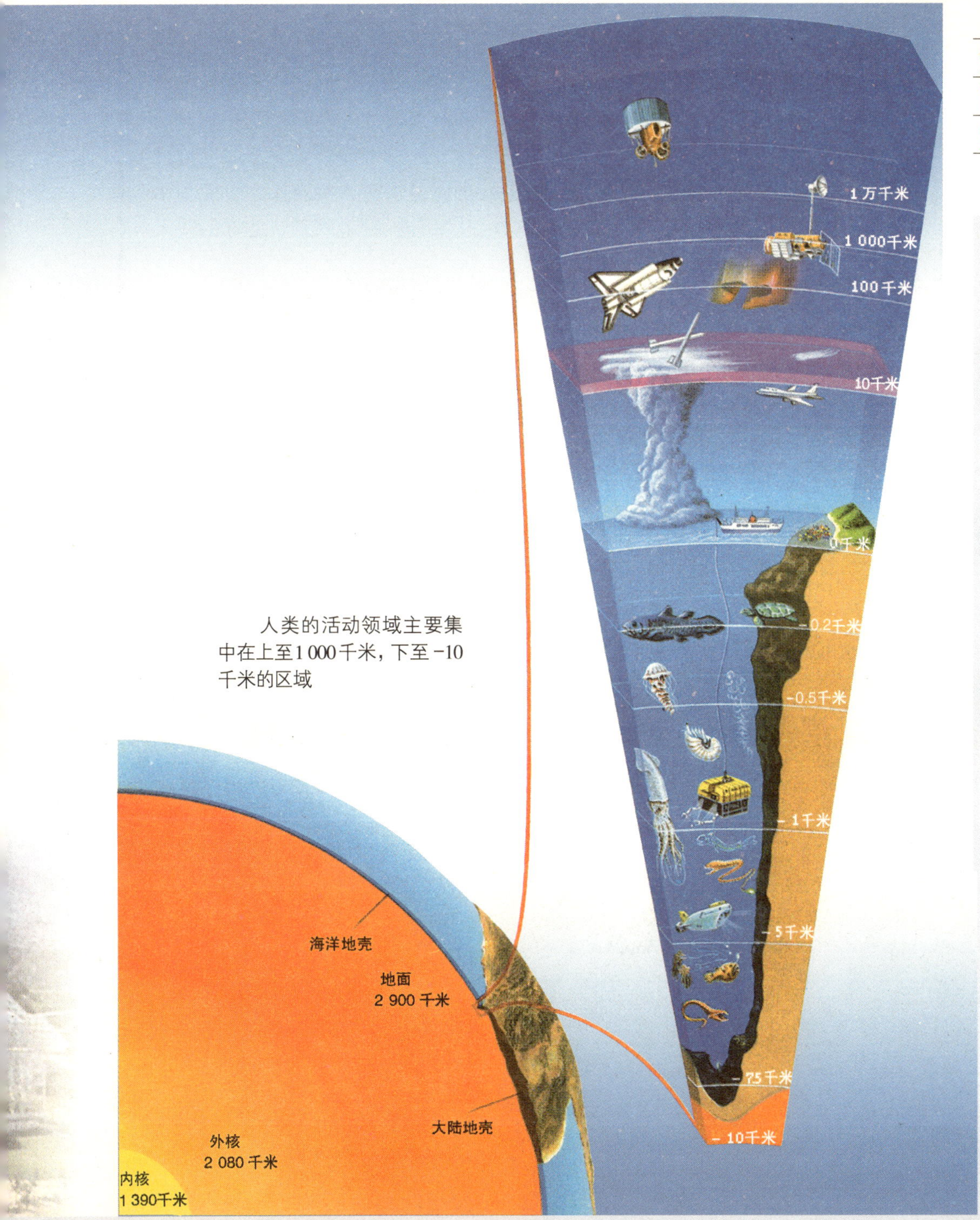
1万千米
1 000千米
100千米
10千米
0千米
-0.2千米
-0.5千米
-1千米
-5千米
-75千米
-10千米
人类的活动领域主要集中在上至1 000千米，下至-10千米的区域
海洋地壳
地面
2 900千米
大陆地壳
外核
2 080千米
内核
1 390千米

人类之所以不同于其他的任何物种，是因为人类有着非凡的改变生活条件的能力，并使这些条件适合自身的需要。尽管如此，人类依然是地球生物大家庭中的一员，也是地球生物链中的一个环节。人的一切必定要受到自然界的约束，因为生态系统任何一个环节的变化，都有可能对人类造成直接或间接的影响。因此可以说，保护生物多样性也就是保护人类自己，合理利用自然资源是我们每一个地球人的共同责任。从某种程度上来说，地球的明天掌握在今天的地球人手里。

独一无二的地球环境缔造了人类，而今天的人类又在使用其独一无二的能力统治着地球。但愿我们能够理智地使用这种能力，珍惜和爱护这独一无二的家园。

人类运用自己独一无二的能力把森林和草地变成了高楼大厦和城市。这究竟是福还是祸？

第一章 地球，人类赖以生存的家园

地球的明天掌握在今天地球人的手里

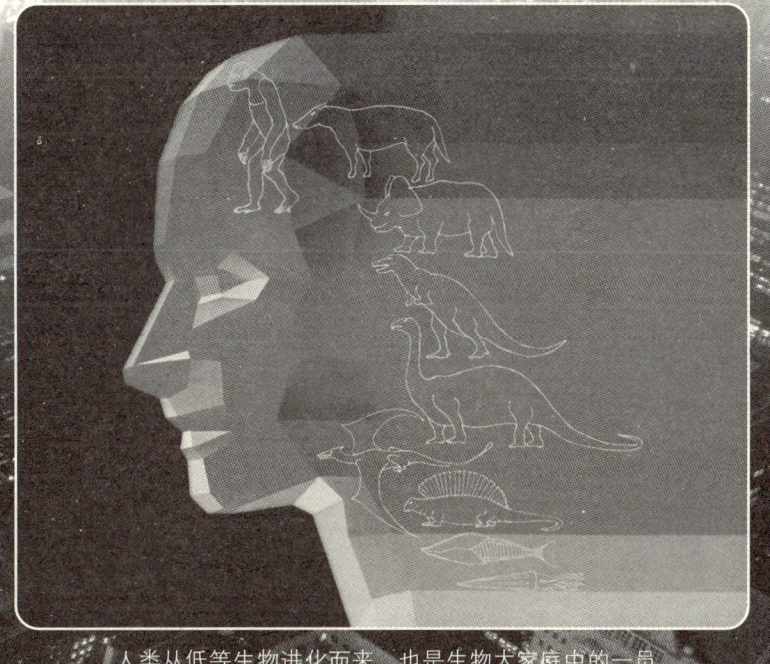

人类从低等生物进化而来，也是生物大家庭中的一员

第二章

非理性的发展 威胁 着人类的生存

在几千年的农业文明社会里,由于人类种植作物和驯养家畜等生产活动,自然生态系统的协调关系经历了一次又一次破坏和重建。一方面人类从生态结构和功能的改变中获得了更丰足的食物,另一方面也造成森林和草原的减少,甚至造成土地的沙化,但总体上看负面效应还属于地区性的,没有发展到危及全人类生存的危险程度。而进入工业文明以来,人类的活动对生态系统的破坏和重建几乎遍及整个生物圈,所导致的负面效应正在由地区向全球发展。

在20世纪里,残酷的战争、严重的工业污染和越来越多的生活废弃物,污染了大气、水体和土壤,不仅导致大量生物的死亡,而且威胁到人类的健康。大面积水土流失和沙漠化、资源枯竭、生物物种加速灭绝、臭氧层破坏和全球变暖趋势,已经危及到人类的生存。

中国内蒙古浑善达克的退化沙地

第二章　非理性的发展威胁着人类的生存

散落在空旷雪地上的驯鹿角。北美阿拉斯加北坡石油的开发，破坏了北美驯鹿繁殖地的生态面貌，进而威胁到它们的生存和繁衍

被垃圾和污水窒息的河流

原始和谐的远古时代

在原始社会，人类以采集狩猎为主，社会生产力水平十分低下，对土地和其他资源的利用程度较低。人类对大自然的影响和动物的差别不是很大，只是直接利用自然，而很少是有意识地改造自然。原始人类为了生存，聚居在自然条件优越、天然食物丰富的区域，形成了利用原始技术获取基本生活资料的生产方式、仅能维持个体延续和繁衍的低水平物质消费方式，以及以家庭与部落为主的社会组织形式，人口数量与平均寿命都很低，只能被动地适应自然，人与自然处于原始和谐状态。

原始部落的晚会。在远古时期，人类靠渔猎和采集野生食物为生

原始工具。人类在狩猎过程中，最重要的事件是使用工具

弓箭的使用。大约在12 000年前，出现了矛、弓和箭，使人类可以捕猎大型野兽

第二章 非理性的发展威胁着人类的生存

基本相对和谐的农业社会

在农业社会，生产力水平较原始社会有很大的提高，产生了以耕种与驯养技术为主的农业生产方式以及以大家庭和村落为主的社会组织形式。那时，人们在生产中无法抵御各种自然灾害，生活上也无法防止疾病和祸害，迫于自然界的强大压力，人们只能顺应自然。人类对自然环境的改造是从定居农业开始的，只有那时土地才与具体的人固定地对应起来，成为人们的生息之地。随着人口数量的增加，活动范围的不断拓展，人类在利用和改造自然的同时，出现了过渡开垦与砍伐等现象，特别是为了争夺水土资源而频繁发动战争，使得人与自然的关系出现了局部性和阶段性紧张。但从总体上看，人类开发利用自然的能力仍旧很有限，人与自然的关系仍能基本保持相对和谐。

灌溉设施是精耕农业的重要标志。图为古罗马高架渠，长800米，高150米

原始的刀耕火种农业。农业社会的早期，人们为了寻求一块膏腴的土地，曾走过一段游耕的历史

内蒙古半干旱农业。当人们筚路蓝缕、以启山林的时候，想到的是获得生存的天地；当人们叩食垦壤、更除荒芜的时候，想到的是此生今世的繁衍

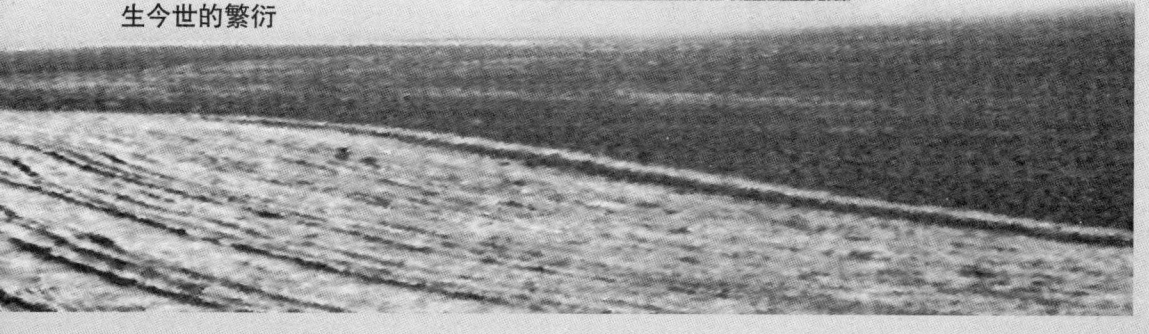

45

树木在哭泣。工业污染严重地威胁着森林

第二章　非理性的发展威胁着人类的生存

人与自然　紧张对抗的工业社会

在工业社会，人与自然的关系发展到了紧张状态。工业社会创造了农业社会无法比拟的社会生产力，人类占用自然资源的能力大大提高。人类活动不再局限于地球表层，已拓展到地球深部、海洋及外层空间。科学技术与工业发展创造的新知识、新技术和新产品，极大降低了人口死亡率，延长了人的寿命，促使世界人口急剧膨胀。工业社会创造了新的生活方式和消费模式，人类已不再满足基本的生存需求，而是不断追求更为丰富的物质与精神享受。但是，工业社会的发展曾严重依赖于资源（特别是不可再生资源和化石能源）的大规模消耗，造成污染物的大量排放，导致自然资源的急剧消耗和生态环境的日益恶化，人与自然的关系变得很不和谐。

英国工业革命时期的一座煤矿。16世纪的欧洲，由于人口增加和工业生产发展，导致能源危机，促使人们用化石燃料（主要是煤）来代替木材等燃料

贫困与土地退化。随着人口激增和对粮食需求量的加大，迫使人们持续开垦新的耕地。而这往往是以毁掉森林和草地等生态系统为代价的，水土流失和土地退化加剧，最终使粮食问题更加严重

公元 1000 年至 2000 年地球人口增长趋势

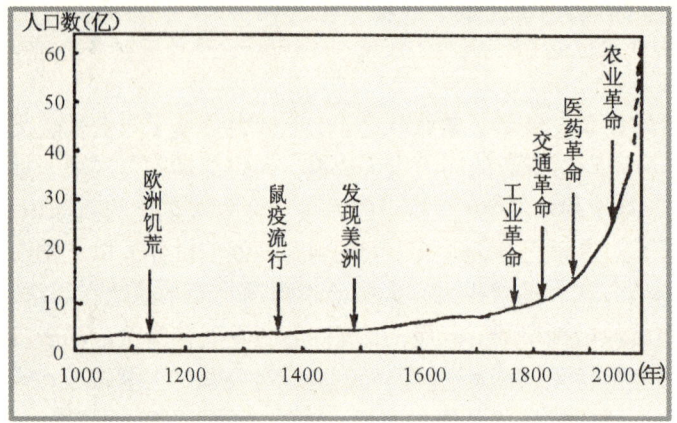

地球人口每翻一番所经历时间

人口数	到达年份	翻一番经历时间
2.5 亿	公元初	
5 亿	1650 年	1650 年
10 亿	1830 年	180 年
20 亿	1930 年	100 年
40 亿	1975 年	45 年

几乎所有发展中国家都面临人口膨胀的巨大压力

人类的地球村。相对于正在并将继续急剧膨胀的人口和日益发达的科学技术来说，我们的地球正在"变小"

第二章 非理性的发展威胁着人类的生存

1. 地球不堪承受之重

在这个浩瀚的太空中，只有一个地球养育着我们全部生命体系，地球是人类的家园。然而，地球的容纳量是有限的，资源也是有限的。它究竟能容纳多少人口呢？20世纪70年代，国外生态学家对地球生态系统的人口容量进行了估算，最乐观的估计是可养活1 000亿人。1972年的联合国人类会议上，科学家认为可使地球上的人维持合理健康生活的最大极限是110亿人口。1980年世界观察研究所提出，全球人口容量应为60亿左右。但目前，根据地球植物的总产量以及人类利用植物的比例计算，比较一致的观点认为地球可养活80亿人左右。

在人类漫长历史的大部分时期内，人口长期处在很低的发展水平上。1万多年前，随着农业的出现和生产力的提高，人口才开始缓慢而持续地增长，约每1 600年人口增长一倍。8 000年前，世界人口还不到1 000万；但到了约2 000年前，人口达2.5亿；17世纪中期，又增至5亿。

18世纪的工业革命加速了农业生产的发展和食物的生产，并带来了生活条件的全面改善，人口迅速增加，而且速度越来越快。1800年，世界人口已达9亿，到1900年又增至16亿。

第二次世界大战以后，由于生育率高和医疗卫生条件的改善，使死亡率迅速下降，平均寿命逐渐上升，造成了人口急剧膨胀。1987年世界人口达50亿，1999年又超过了60亿！

地球难以承载如此之多的人口。第二次世界大战后，世界人口高速增长，到1987年突破50亿，1997年达到58亿。如此下去，到2330年，包括南北极、海洋、沙漠、高山等，整个地球表面每平方米就有一个人

ZI RAN JIAN SHI

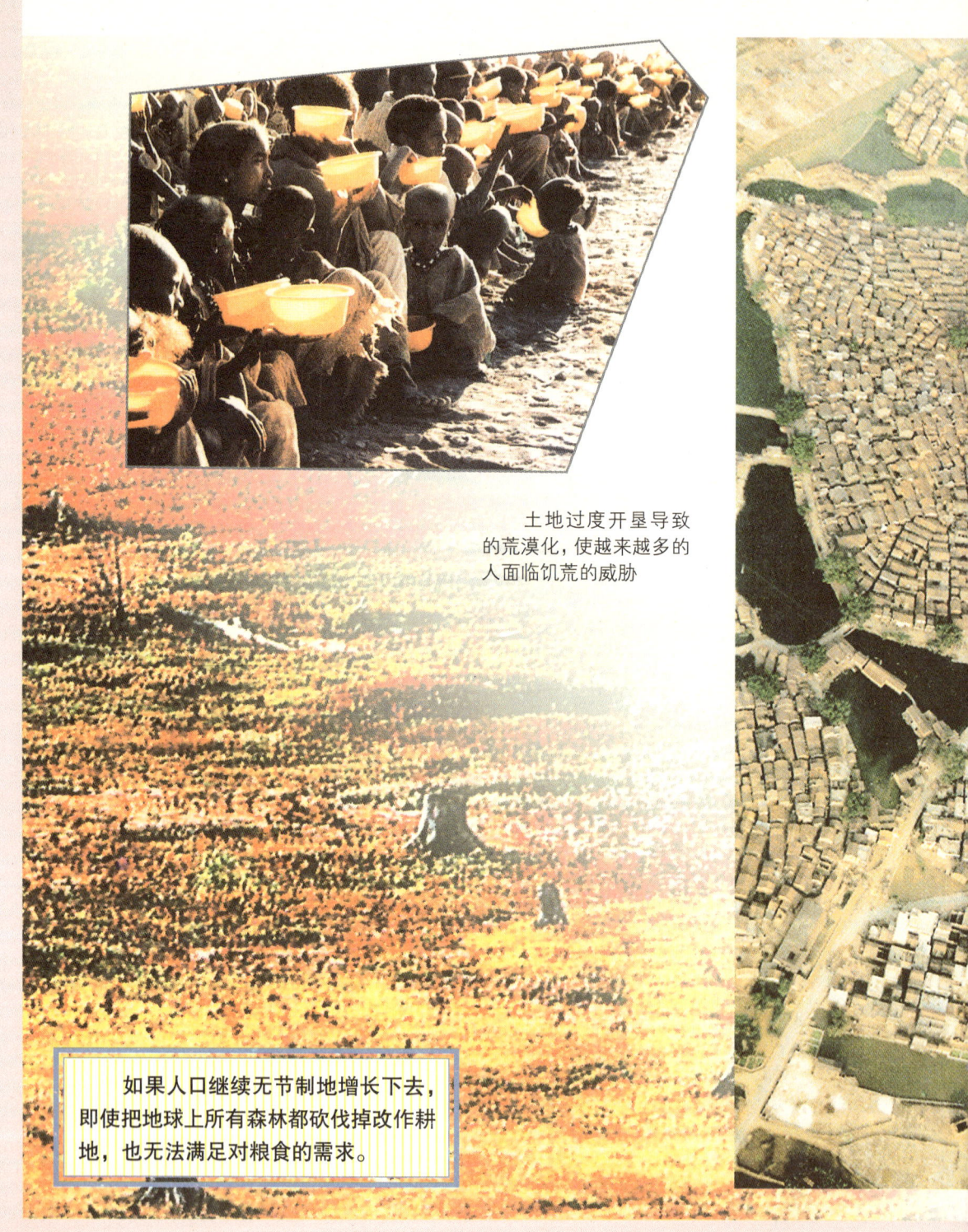

土地过度开垦导致的荒漠化，使越来越多的人面临饥荒的威胁

如果人口继续无节制地增长下去，即使把地球上所有森林都砍伐掉改作耕地，也无法满足对粮食的需求。

第二章 非理性的发展威胁着人类的生存

珠江三角洲土地肥沃,但人口密集,生存空间有限,人口与土地的矛盾日益突出

就目前世界人口增长的态势来看,人口的自然增长率已从20世纪70年代的20‰下降到目前的17‰。但人口增长的高峰期还远远没有结束,尤其是占世界人口76%的发展中国家和地区,人口增长仍很快。而且,人口的增长还有一个惯性作用。联合国人口活动基金组织在《1987年世界人口状况》的报告中明确指出:虽然世界人口的增长速度正在放慢,但是人口的绝对增长可能要再过100年才能停止,那时世界人口将达到102亿。

人口的激增对粮食、住房、就业、资源、环境等产生的巨大的压力,必然加剧资源枯竭和生态环境破坏的趋势,使地球越来越不堪重负。人类从来没有像现在这样生活在一个危机四伏的环境中,人与自然的矛盾日益突出。

到 2001 年 3 月 28 日，我国全国人口总数已达到 129 533 万人

我国历史上一直是一个人口大国。在漫长的先秦时期人口一直维持在 1 000~2 000 万，西汉时增至 5 900 多万，南宋末年达到 7 600 多万，清王朝建立 40 多年后突破 1 亿大关，鸦片战争爆发前的 1834 年超过 4 亿。

中华人民共和国成立时人口已达 5.4 亿，约占当时世界人口总数的 1/4。经过 20 世纪 50 年代和 60 年代两次人口增长高峰，人口数量又有大幅度的增长。1973 年后，中国政府开始实行计划生育政策，人口出生率逐年下降，人口增长的势头得到了控制。但由于人口基数巨大，处于育龄期的人口众多，我国人口增长的压力仍十分严峻。

第二章 非理性的发展威胁着人类的生存

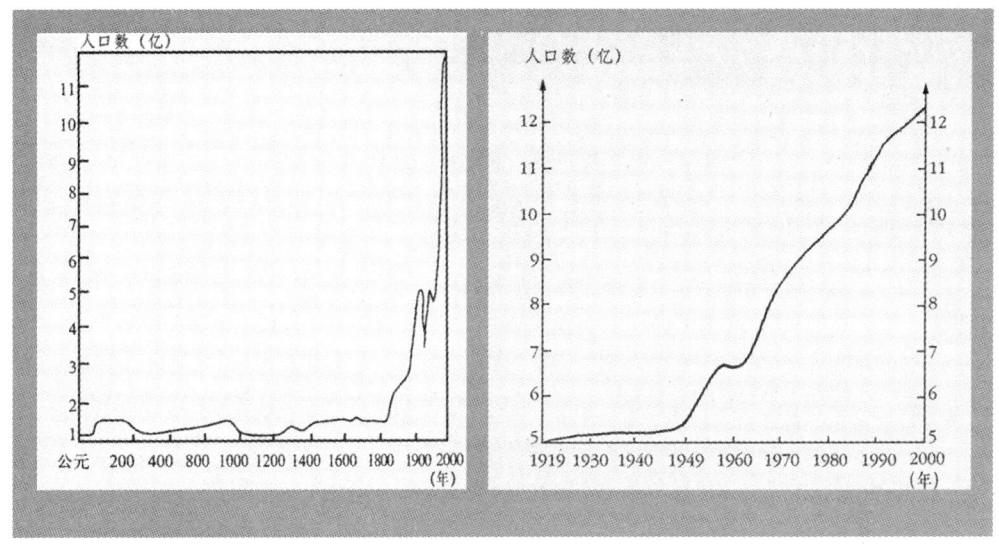

中国历代人口曲线图　　　　　20世纪中国人口变化曲线

生活在黄土高原的中国农民

2. 无限的欲望与有限的资源

自然资源是人类社会赖以存在的物质基础，对现代社会来说尤其如此。工业革命后，由于人类活动、人口及消费的猛增，人类对各种自然资源的需求量也迅速增加。问题是，人类对自然资源的索取如此高速增长，能永远维持下去吗？

1972年，由科学家、经济学家和企业家组成的罗马俱乐部发表了《增长的极限》研究报告，认为如果人类以目前的增长率继续消耗自然资源的话，那么以后30~50年内资源会被耗尽，将导致整个工业社会走向崩溃。尽管该报告中的观点有些片面和悲观，但是目前人类正在不断地耗尽某些自然资源，这一点是毫无疑问的。

地球上没有任何一种可更新资源能够长期忍受人类需求的无限增长，而又能保持一定的储量和质量。所有可更新资源都受到自然更新能力的限制，如果人们超出这种限制去利用它们的话，它们就可能枯竭。例如：地下水资源是可更新的，但如果抽取地下水的速率超过了地下水得到补充的速率，地下水就会枯竭。

更重要的是，可更新资源自我更新能力的本身也可能遭到破坏。土壤只有在受到良好保护、不受侵蚀并能得到适量有机物质补充的情况下，才是可更新的；生物物种也只有在有效地保持其一定的种群大小时，才能不断地进行繁殖和更新，否则就会趋于灭绝，人类将永远失去它。

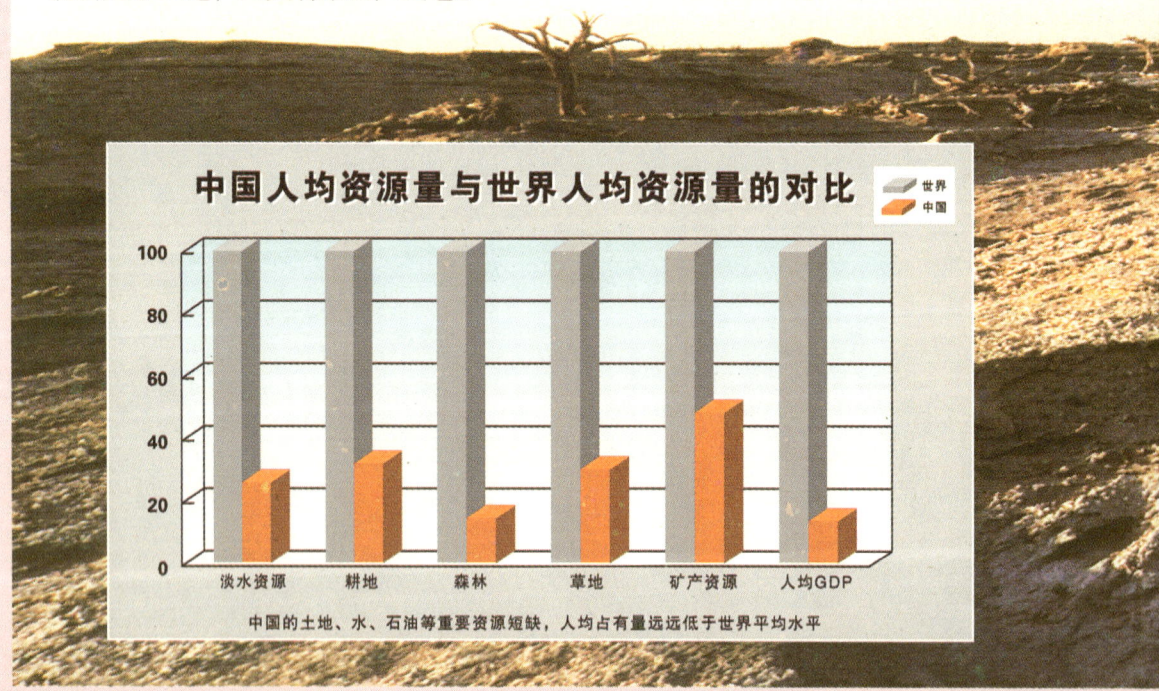

中国的土地、水、石油等重要资源短缺，人均占有量远远低于世界平均水平

小知识：自然资源

自然资源指的是自然界中人类可以直接获得的用于生产和生活的天然物质。一般可分为两类：一是可更新资源，是指水、土地、植物、动物等资源，它们能在一定的时间内自我更新或循环再现；二是不可更新资源，如各种金属和非金属矿产、化石燃料等，它们需要经过漫长的地质年代才能形成，基本上没有更新能力，用一点就会少一点，直到用完为止。

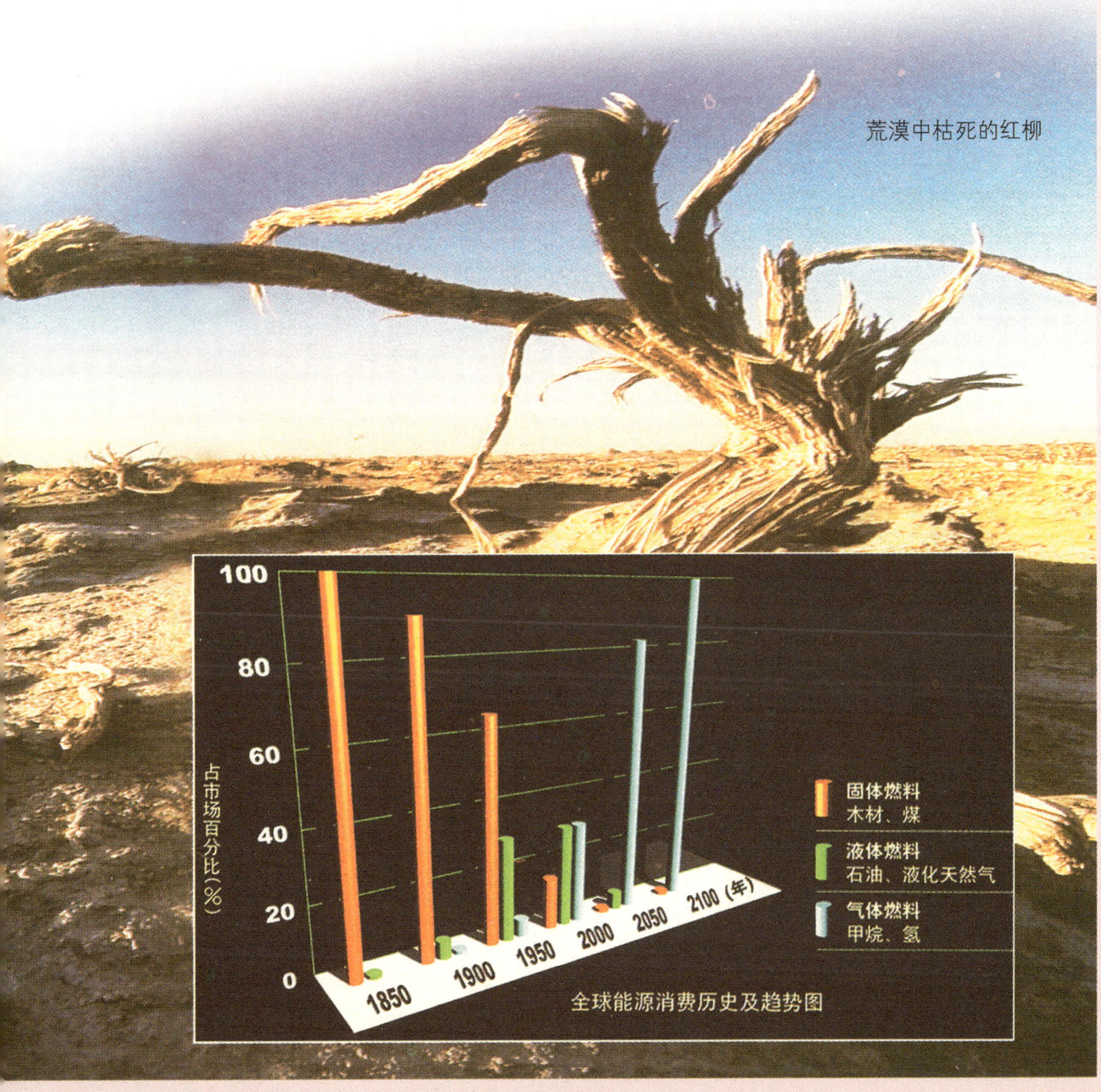
100
80
60
40
20
0
占市场百分比(%)
1850
1900
1950
2000
2050
2100 (年)
固体燃料
木材、煤
液体燃料
石油、液化天然气
气体燃料
甲烷、氢

荒漠中枯死的红柳

全球能源消费历史及趋势图

河湖在哭泣

人类活动所必需的淡水资源非常有限。我国是世界上水资源最贫乏的国家之一，人均水资源量仅列世界第88位，为世界人均的1/4。

近年来，由于人口增长、经济发展和城乡建设加快等多方面的原因，水资源的消耗急剧增加，造成许多江河断流。河流断流直接影响到以河水为主要水源的饮用水和生产用水的供应，还对下游和河口生态环境造成严重影响。

黄河是我国断流最为严重的大河。1972年黄河下游首次出现断流，到20世纪90年代断流的频率和历时不断增加，有专家断言"黄河将在21世纪成为中国的内流河"。

黑河是我国西北干旱区一个较大的内陆河，其下游持续断流

第二章 非理性的发展威胁着人类的生存

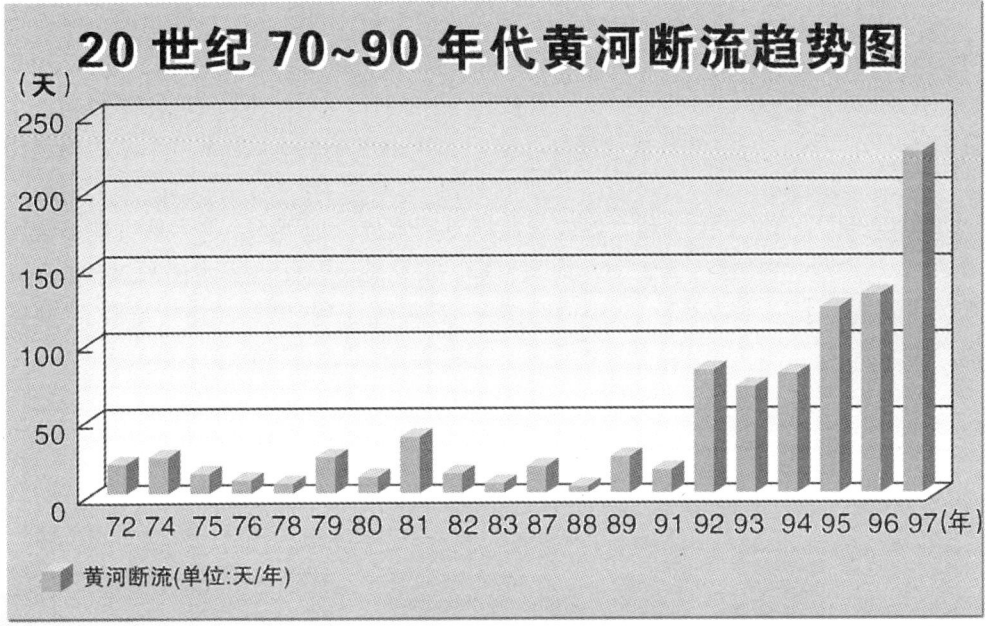

干涸的湖水

流经隘口的黄河

近几十年来，我国不少湖泊萎缩严重，天然湿地干涸，水源涵养和调节能力下降。20世纪70年代初，罗布泊、居延海等干旱区大型湖泊先后干涸。1985~1997年，我国自然湖泊总数减少了19%，总面积缩小11%。长江中下游地区是我国淡水湖泊集中分布区，因湿地开垦使该地区湖泊面积减少了约1.2万平方千米，相当于4个鄱阳湖的面积。

　　我国有2/3的城市供水和大量的农业灌溉用水依靠地下水。许多地方地下水严重超采，导致水位持续下降，引发地面沉降。华北地区每年地下水超采300亿立方米，造成地下水位大幅度下降和大面积地下水漏斗区。在75%的沿海城市和地区，由于过量开采地下水，引起了海水倒灌，有些城市出现了严重的地面下沉。

海滨城市也会因为超采地下水而产生地面下沉

寸草皆无的罗布泊湖盆

> ⚠ 地下水超量开采引起的地面沉降，正在危及华北、危及华东！而工业、农业、商业和居民生活等方面水资源浪费、污染的现象却十分普遍，更加剧了水资源的紧张状况！

第二章　非理性的发展威胁着人类的生存

灌满黄沙的水井

在中国600多个城市中，有400多个城市存在供水不足的问题，其中比较严重的缺水城市有110个

大地在呻吟

人口的迅速增加、工农业生产及城市的发展对土地资源需求的压力，迫使人们高强度地使用耕地，加之不合理的开发利用，致使土地资源发生严重退化。

水土流失是一个世界性的严重问题。据联合国粮农组织的统计，全世界水土流失面积达2 500万平方千米，占陆地总面积的16.7%，占全球耕地和林草地总面积的29%。

我国每年流失土壤50多亿吨，相当于全国的耕地上刮去1厘米厚的土层。其中氮、磷、钾肥料元素的流失量相当于4 000万吨的化肥，相当于目前全国的化肥施用总量。全国水土流失的耕地约占耕地总面积的1/3。水土流失涉及全国近1 000个县，主要分布在黄土高原和西南地区。

土地荒漠化是全球性环境问题。干旱是荒漠化形成的原因，但从根本上讲，人类不合理的活动也是造成荒漠化的重要原因之一。全球荒漠化面积36亿公顷，占陆地总面积的1/4，涉及约9亿人口、100余个国家。荒漠化造成土地资源丧失、生物多样性减少，并影响全球气候。

目前我国荒漠化土地占国土面积的27.3%，相当于14个广东省面积，是全国耕地总面积的两倍多，生活在荒漠地区和受荒漠化影响的人口近4亿，并且荒漠化还在以每年高达3 400多平方千米的速度扩大。

过度放牧导致草原退化，饥饿的牛羊已无草可食

第二章 非理性的发展威胁着人类的生存

千沟万壑的黄土高原

云南省境内一条长江支流两岸光秃秃的坡地。长江流域水土流失日益严重，它是否会变成第二条黄河？

⚠️ 我国每年有大致相当于一个县的国土面积变为荒漠！
我国已成为世界上水土流失最严重的国家之一，水土流失面积不断扩大，程度加剧！

这些沙漠一样的山丘并不是在我国干旱的西北地区，而是在雨量充沛的南方某县。由于人类不合理的经济活动，植被遭到破坏，表土被暴雨冲刷殆尽，地面岩石裸露，寸草不生，成为一片名符其实的红色荒漠

小知识：荒漠化

荒漠化是指包括气候变异和人类活动在内的种种因素造成的干旱、半干旱和具有干旱影响的半湿润地区的土地退化。荒漠化不是由于逐渐扩张的沙漠所造成的，当它发生在干旱土地时，往往出现类似荒漠的境况。

水土流失后造成的侵蚀沟

61

受荒漠化影响，我国40%的干旱、半干旱地区耕地有不同程度退化。值得注意的是我国沙化耕地仍有扩大的趋势，全国受沙漠化威胁的耕地近400万公顷，较50年前增加了一倍。

我国农田灌、排方式落后，传统的大水漫灌方式仍被广泛使用，加上不完善的排水设施，造成大面积的次生盐渍化。我国耕地中盐渍土面积约800万公顷，占耕地的6.5%左右。耕地盐渍化能导致农业生产力的严重衰退，使农作物产量下降。

耕地是人类的衣食之源。1952~2003年，我国人均耕地面积由2.82亩减少至1.43亩，不到世界平均水平的40%，近7年来全国耕地面积减少了1亿亩，相当于12个上海市的国土面积。除了荒漠化之外，建设用地是耕地减少的主要原因。目前，全国有各类开发园区6 000多个，规划占地5 310万亩，其中大部分没有合法的审批手续。在城镇建设和工业用地中，也存在大量盲目圈地和违法占地的现象。

据不完全统计，目前除晋、甘、宁、青、藏以外的26个省、自治区、直辖市已建成高尔夫球场176座，总占地约33万亩；筹建中的高尔夫球场70多个，计划总占地15万余亩。但其中通过国土资源部审批的仅有10个，其他均属非法占地

小知识：盐渍土

盐渍土是一系列受土体中盐碱成分作用的各种类型土壤的统称，也称之为盐碱土。土壤次生盐渍化是指盐碱土被改良后，盐分又回升形成盐碱土。

⚠ 不科学的农业灌溉方式既浪费宝贵的水资源，又使大量良田盐碱化！
按目前耕地减少的速度，多则十几年，少则几年，我国将面临严重的粮食危机！

第二章　非理性的发展威胁着人类的生存

耕地盐渍化

开发区的盲目建设占用大量耕地

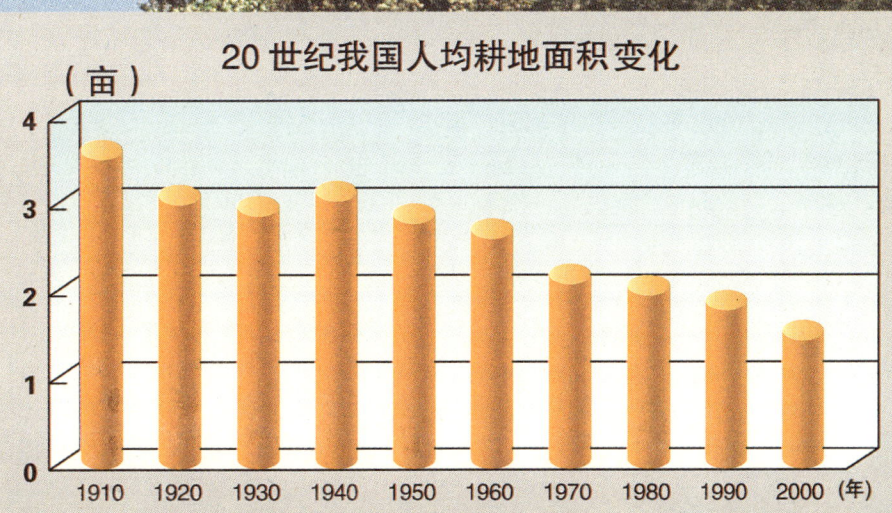

20世纪我国人均耕地面积变化

森林的挽歌

森林是地球上最重要的陆地生态系统，是自然界功能齐全、结构最复杂的生物资源库和基因库，并起到涵养水分、固沙保土、净化空气等作用。但滥采滥伐、开垦农田、采矿办厂、城市扩张等人类活动，正在使大批森林消失，而残存的森林其生态功能也在急剧衰退。

天然林在我国主要分布在东北和西南地区，面积较小。虽然大规模植树造林使我国森林覆盖率由1989年的13.9%提高到1998年的16.55%，但人均森林面积和蓄积量依然较低，分别相当于世界水平的1/5和1/8。

我国森林资源总体质量呈下降趋势，表现在作为保护生态环境最为重要的天然林及次生林在不断减少，且残存的天然林也多处于退化状态。林龄构成中生态效益比较好的近熟林、成熟林和过熟林仅占28%。与此同时，我国木材消耗量仍保持较高水平。

 我国是世界上人均森林占有量最低的国家之一，木材消耗量仍保持在较高水平！

这一片人工营造的杉木，虽已成林，但林下灌草稀疏，盖度不足，枯枝落叶与腐殖质层也很薄，无法形成土壤肥力的良性循环，保持水土、涵养水源的能力较差

第二章 非理性的发展威胁着人类的生存

剃光头式的砍伐对森林生态造成了严重破坏

森林被大面积砍伐

草原的叹息

我国拥有各类天然草地3.93亿公顷，约占国土面积的40%，但人均占有草地仅相当于世界水平的43%，属于草地资源相对贫乏的国家。

长期以来无计划的乱开滥垦，导致我国草地面积逐年减少。近几年，由于人工种草和改良草地，全国每年增加草地面积130~135万公顷，而不合理的开发等其他原因使每年消失草地大约200万公顷。两者相抵，我国的草地面积正在以每年65~70万公顷的速度迅速减少。

长期超载放牧，不合理使用草地以及采樵、滥挖、滥猎、开矿、淘金等，严重破坏草原生态系统的稳定，导致我国90%的草地不同程度的退化。

 我国每年减少的草地面积相当于两个县的平均国土面积！

沙化的草原

第二章　非理性的发展威胁着人类的生存

沙进人退,居民被迫搬迁,流沙逐渐掩埋了昔日的院墙

受到沙漠化威胁的内蒙古榆树草原

土地荒漠化加剧了风沙灾害。据研究，我国西北地区从公元前3世纪到新中国成立的2 154年中共发生沙尘暴70次，平均31年发生一次；1950～1990年间发生沙尘暴71次，平均每年1.77次，呈逐年增加的趋势。90年代以来，沙尘暴发生频率增加，造成的危害也越来越严重，影响范围越来越广。

1993年5月5日特大沙尘暴席卷我国西北甘、新、宁、蒙四省区，致使85人死亡，31人失踪，264人受伤，12万头牲畜丢失或死亡，37万余公顷农田受灾，造成直接经济损失7.5亿元。

沙尘暴笼罩下的天安门广场

第二章　非理性的发展威胁着人类的生存

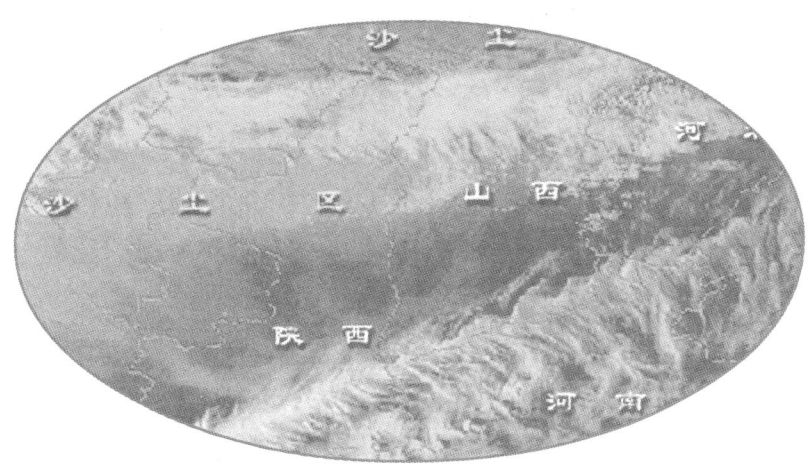

气象卫星观测到的沙尘暴

在沙尘暴面前，这些人工种植的杨树纯林显得有些无奈

 尽管沙尘暴是自然因素引起的灾害，但人类不合理活动造成荒漠化蔓延，是沙尘暴频繁发生的重要原因！

鸟兽在悲鸣

　　生物多样性是一个国家的重要资源,是人类赖以生存的物质基础,离开了生物多样性就不可能有人类的生存和繁育。

　　物种灭绝作为地球上生命进化史的一种自然现象,本是正常事件。但是,工业社会以后,人类活动致使野生物种的栖息地遭受破坏,加上滥捕、滥猎、滥采,导致野生动植物数量不断减少。据科学家统计,现在一个物种的灭绝速度要比自然状态下快50~100倍。17世纪以来,已有120种兽类和250种鸟类不复存在,而且其中大部分是在最近150年内灭绝的!

麋鹿,角似鹿非鹿,蹄似牛非牛,脸似马非马,尾似驴非驴,故俗称"四不像",是中国特有的鹿科动物,原产于黄河中游地区。由于过度捕猎,1900年麋鹿在中国本土灭绝。我国现有种群是20世纪80年代从英国重新引进的

第二章 非理性的发展威胁着人类的生存

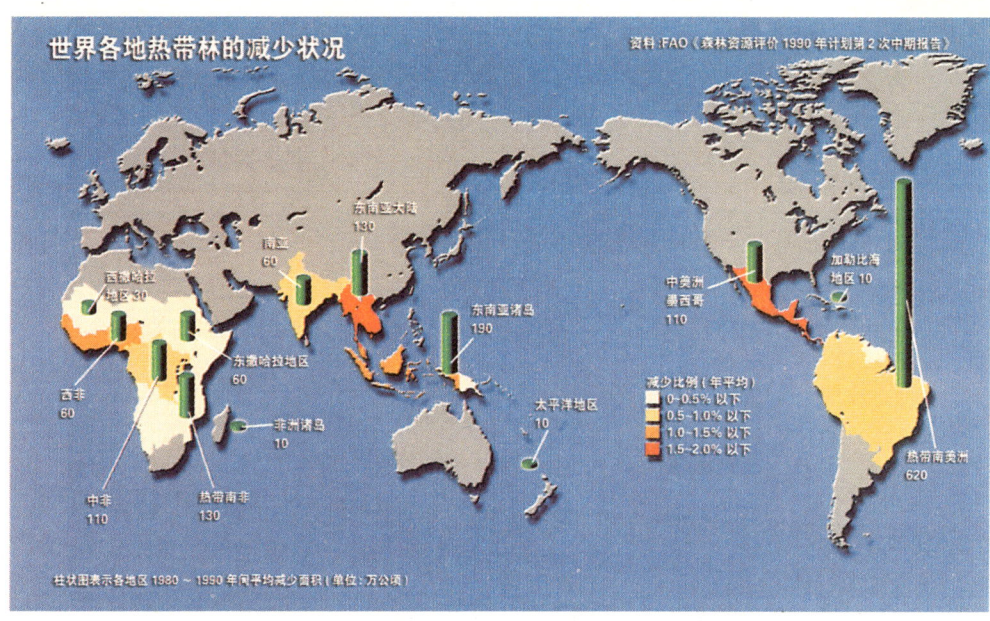

人类产业活动开始以前，陆地的43%为森林，其中一半以上为热带雨林，但今天热带雨林占的比例已减至陆地面积的大约7%。热带雨林是孕育生物多样性的主要场所，热带雨林的破坏将导致生物多样性的大量丧失

小知识：生物多样性

生物多样性是生物及其与环境形成的生态复合体以及与此相关的各种生态过程的总和，包括动物、植物、微生物和它们所拥有的基因以及它们与其生存环境形成的复杂的生态系统。生物多样性包含遗传（基因）多样性，物种多样性和生态系统多样性。

苏铁又称铁树，属于裸子植物，茎干粗厚，叶生于茎顶，呈一团羽状。在恐龙称霸世界的中生代，苏铁家族也很兴旺。恐龙灭绝后，兴盛的苏铁家族也衰败下来

1627年波兰原牛灭绝；1767年无齿海牛灭绝；1780年太平洋辉椋鸟灭绝；1877年欧洲野马灭绝；1914年北美旅鸽灭绝；1925年高加索野牛灭绝；1948年澳洲袋狼灭绝；1964年亚洲冠麻鸭灭绝；1995年亚洲猎豹灭绝……

据统计，麋鹿、普氏野马、高鼻羚羊、犀牛、野马等珍稀动物，雁荡润楠、喜雨草、上海黄檀等植物已经在我国灭绝。

一个物种的存亡，同时还影响着与之相关的多个物种的消长。据研究，一种植物的灭绝将引起10~30种依附于它的其他生物的丧失。17世纪毛里求斯渡渡鸟被杀绝后，数年后该岛的大栌榄树也渐渐消失了，因为这种乔木的种子必须经过渡渡鸟的消化道才能发芽、萌生。

联合国的一位官员说："如果达尔文活着，他也许就会致力于灭绝物种的讣告，而不是物种的起源了。"

公元1600~2000年灭绝动物种数

动物分类	灭绝种数	动物分类	灭绝种数
哺乳类	87	贝类	303
鸟类	131	甲壳类	9
爬行类	22	昆虫类	73
两栖类	5	其他无脊椎动物	4
鱼类	92	合计	726

数据来源：国际自然保护联盟(IUCN)《生存濒危物种红皮书》

第二章 非理性的发展威胁着人类的生存

自然简史

渡渡鸟生活在非洲毛里求斯，不会飞，走得极慢。所以当人类在16世纪将猪和老鼠等带入毛里求斯岛时，它就难逃劫数，甚至连一只完整的标本都未留下来。这幅画画于1599年

普氏原羚，是世界上最濒危的羚羊，属国家一级保护动物。历史上普氏原羚曾分布于内蒙古、甘肃和青海。由于人类活动加剧，它们的分布范围不断萎缩，栖息地陷于支离破碎

生活在南非高原上的斑驴19世纪初还很多，因过度捕猎，短短几十年野生斑驴就灭绝了。柏林动物园饲养的最后一只斑驴也于1875年孤独地死去。此幅彩色铜版画绘制于斑驴灭绝前

19世纪初，北美有旅鸽30~50亿只。因其肉味美，且喜群居和群飞，很容易被大量射杀和网捕。1914年9月1日，笼养的最后一只旅鸽"玛莎"死于美国辛辛那提动物园，它被制成标本放在华盛顿国家博物馆

73

ZI RAN JIAN SHI

　　世界物种保护联盟公布的"2000濒临灭绝物种红色名单"称：约有11 046种动植物面临永久性从地球上消失的危险，包括1/4的哺乳类、1/8的鸟类、1/4的爬行类、1/5的两栖类和近1/3的鱼类。同时，中国与印尼、印度、巴西被列为哺乳类和鸟类动物最受威胁的国家。

　　联合国《国际濒危物种贸易公约》列出的640种世界性濒危物种中，我国占了156种，约为其总数的1/4。我国共有258种动物濒临灭绝，如大熊猫、东北虎、华南虎、蒙古野驴、普氏原羚、金丝猴、丹顶鹤、白鳍豚等。据统计，我国共有濒危或接近濒危的高等植物4 000~5 000种，约占我国高等植物总数的15%~20%，超过日本高等植物的总和，濒临灭绝的野生植物有苏铁、珙桐、金花茶、桫椤等。

桫椤属蕨类孢子植物，又称树蕨。桫椤是1亿多年前跟恐龙同时代生长的植物，它能生存至今，具有很重要的意义，属国家一级保护植物

第二章 非理性的发展威胁着人类的生存

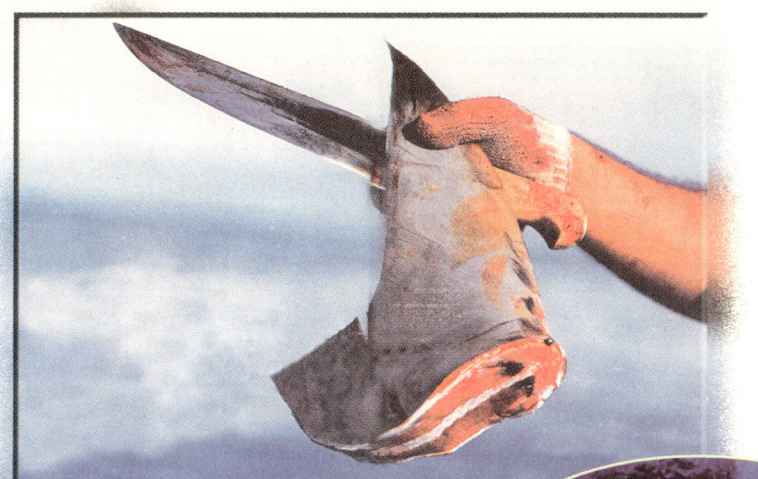

从鲨鱼身上割下的鱼鳍被变成餐桌上美味的鱼翅羹，而鲨鱼的身体却被当作无用的废物抛尸海底。以2.5亿鱼翅消费人数计算，若每人平均消费2支鱼翅，那就意味着每年有1亿条鲨鱼被食用。比恐龙还早1亿年就存在的鲨鱼，我们有权利让它因为人的口腹之欲而消亡吗？

小知识：物种的灭绝与濒危

世界自然保护联盟（IUCN）根据物种受威胁的严重程度和估计灭绝的危险性将物种列入不同的濒危等级，主要分为6个等级：灭绝、濒危、易危、稀有、未定、欠了解。

灭绝是指过去的50年中在野外没有被肯定地发现的物种。

濒危是指面临灭绝的危险的类群，当致危因素继续作用时它们将不大可能生存。

丹顶鹤，又名仙鹤，属国家一级保护动物，丹顶鹤身体高大，达1.5米，头顶裸皮呈鲜红色肉冠，故而得名。当前，由于人类活动加剧，丹顶鹤受到湿地被开发、抽排、捕鱼等与鹤争食、农药毒害及偷猎的威胁

矿产资源敲警钟

矿产资源对于推动人类社会的发展所起的作用是巨大的，用青铜时代、铁器时代、钢铁时代划分人类社会发展的各个时期，充分显示了人类社会的进步同资源利用之间的密切关系。

矿产资源是储量有限的不可再生资源，随着人口的急剧增加和经济的高速增长，人类对矿产资源的消耗急剧增加，人均拥有资源量与日递减，耗竭的速度加剧。另一方面，在矿产资源开发利用的过程中，占用了大量土地资源，对土壤造成严重破坏，导致水土流失和荒漠化，并造成严重的环境污染。

在我国矿产资源量中，只有60%可供开发，35%可以采出。相当一部分大中型骨干矿山进入中晚期，可采储量与产量大幅衰减。

世界主要矿物的产量高峰和枯竭年表

矿物名称	产量高峰年份	预计枯竭年份
铝	2060	2215
铬	2150	2325
金	2000	2075
铅	2030	2165
锡	2020	2100
锌	2065	2250
煤	2150	2405
石油	2005	2075

注：根据矿产资源的特点，从全球角度研究各种矿物的供应与消费动态，可以推算出每一种矿物将在哪一年达到产量高峰和哪一年被完全耗尽。

攫取宝藏。图为20世纪80年代巴西的一个金矿

在我国已探明的45种主要矿产资源中，到2010年可以保证需求的仅有23种，到2020年将只有6种！

第二章 非理性的发展威胁着人类的生存

四川攀枝花铁矿的露天采场

新疆可可托海稀有金属矿床的露天采场

小知识：矿产资源

　　一般将矿产资源视为不可更新资源，它可分为矿物燃料资源（即化石燃料，包括煤、石油、天然气）、金属矿物和非金属矿物。

中国北方某市矿区塌陷导致农民的窑洞塌进地面之下无法居住

ZI RAN JIAN SHI

随着世界人口的猛增和平均消费水平的提高，人类对能源的需求量和依赖程度也与日俱增；尤其是发展中国家，因起点低，对能源的需求增长更加迅猛。近年来，中国对能源的需求不断增长，2000年能源消费总量比1990年增长30%。

石油是最重要的战略资源。1990～2000年我国原油需求量年增长率在7%左右，而原油产量年均增长率基本维持在1.6%。2004年，我国石油进口量将超过1亿吨，原油需求量的1/3依赖于进口，而且这一比例还将逐年增长。我国已从石油出口国变为石油进口大国。

我国煤炭资源丰富且居能源主体地位，资源总量居世界第3位，但我国人均煤炭资源量不足世界人均值的1/2。目前我国可供开发利用的煤炭精查储量严重不足，现有精查储量中尚未利用的仅占31.63%。近几年，我国煤炭生产能力下降，国有重点煤矿中有一半的企业超能力生产，但仍不能满足需求。

海湾战争后，人们奋力扑灭被伊拉克士兵点燃的科威特油井

德雷克上校（戴高帽者）和他1859年在美国宾夕法尼亚州的泰斯维尔开掘出的美洲第一口油井。由此，人类开始了"石油时代"

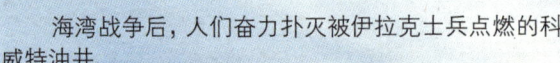

石油输送管道

第二章 非理性的发展威胁着人类的生存

然简史

小知识：能源的类型

我们把存在于自然界的可以提供现成形式能量的能源称为"一次能源"，其中像风、流水、潮汐、地热、阳光以及草木燃料等，均不会随着人们的利用而减少，又称为"可再生能源"；而化石燃料（煤、石油、天然气、油页岩）和核燃料（铀）都要随使用而减少，故又把它们称为"不可再生能源"。

需要依靠其他能源来制取的能源称为"二次能源"，如电能、氢能、汽油、煤油、柴油、焦炭、煤气、沼气等。应当指出，当一次能源转换为二次能源时，转换效率很低，约有一半以上的能量被完全浪费了。

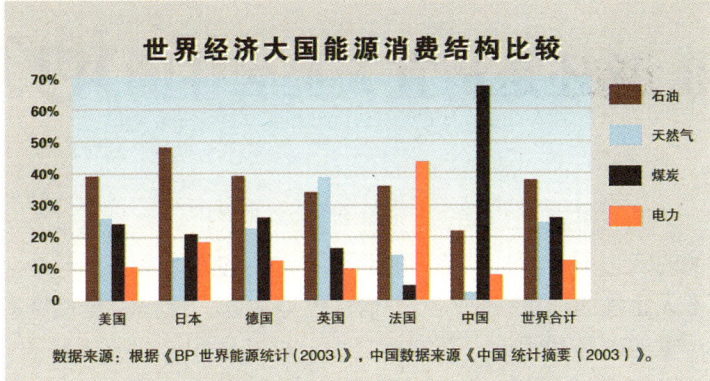

世界经济大国能源消费结构比较

数据来源：根据《BP世界能源统计（2003）》，中国数据来源《中国 统计摘要（2003）》。

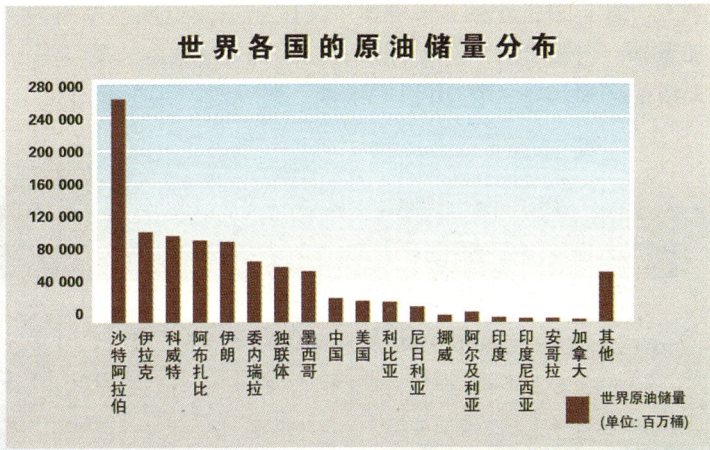

世界各国的原油储量分布

沙特阿拉伯、伊拉克、科威特、阿布扎比、伊朗、委内瑞拉、独联体、墨西哥、中国、美国、利比亚、尼日利亚、挪威、阿尔及利亚、印度、印度尼西亚、安哥拉、加拿大、其他

世界原油储量（单位：百万桶）

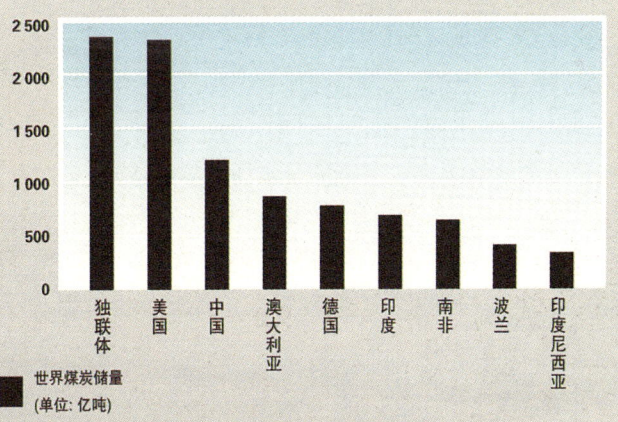

世界主要煤炭生产国的煤炭储量分布

独联体、美国、中国、澳大利亚、德国、印度、南非、波兰、印度尼西亚

世界煤炭储量（单位：亿吨）

79

3. 这还是适宜人类居住的地球吗

　　自工业革命以来，技术的进步促进了生产力的迅猛发展，使人类利用和改造环境的能力不断增强，极大地改善了人类的生活水平。但是，对于物质财富和生活水平无止境的追求，使人类不惜代价地索取和挥霍着自然资源，并对生态环境造成了严重的破坏和污染，其规模之大、影响之深是前所未有的。

　　19世纪后期，英国伦敦曾发生过3次由于燃煤造成的烟雾事件，死亡约2800余人。到了20世纪初，各资本主义国家工业更加迅速发展，除燃煤造成的污染继续加重外，内燃机的广泛使用、石油的开发和炼制、有机化学工业的发展，带来更加严重的环境污染。在20世纪中期，曾出现过举世闻名的"八大公害"事件。

20世纪中期世界"八大公害"事件

事件	时间	国家	主要污染物	中毒情况	公害形成原因
马斯河谷烟雾事件	1930年12月	比利时	烟尘及二氧化硫	几千人呼吸道发病，约60人死亡	工厂集中；排烟尘量大；天气反常，逆温天气时间长，雾较大。
多诺拉烟雾事件	1948年10月	美 国	烟尘及二氧化硫	4天内6 000人患病，17人死亡。	工厂过多；河谷盆地内遭遇雾天和长时间逆温天气。
伦敦烟雾事件	1952年12月	英 国	烟尘及二氧化硫	5天内4 000人死亡，后又连续发生3次。	煤烟中二氧化硫、粉尘量大，遭遇逆温和大雾天气。
洛杉矶光化学烟雾事件	每年5~11月	美 国	光化学烟雾		汽车排气，使1 000多吨碳氢化合物排入大气。
水俣事件	1953年开始发现	日 本	甲基汞	至1972年有180人患病，死亡50人。	生产氯乙烯和醋酸乙烯的含汞废水排入海湾，形成甲基汞对鱼、贝类的污染。
富山骨痛病事件	1931～1972年	日 本	镉	患者超过280人，死亡34人。	炼锌厂排放含镉废水进入河流污染农田和饮水。
四日事件	1970年	日 本	二氧化硫、煤尘重金属粉尘	患者500多人，其中10余人因气喘病中毒死亡	工厂排出二氧化硫和粉尘的数量大，并含有钴、锰、钛等重金属粉尘。
米糠油事件	1968年	日 本	多氯联苯	患病5万多人，死亡16人，受害者超过1万人。	生产米糠油中用多氯联苯作载热体，因管理不善，使毒物混进米糠油中。

被炼锌厂排放的含镉废水污染的日本福山县神通川

第二章　非理性的发展威胁着人类的生存

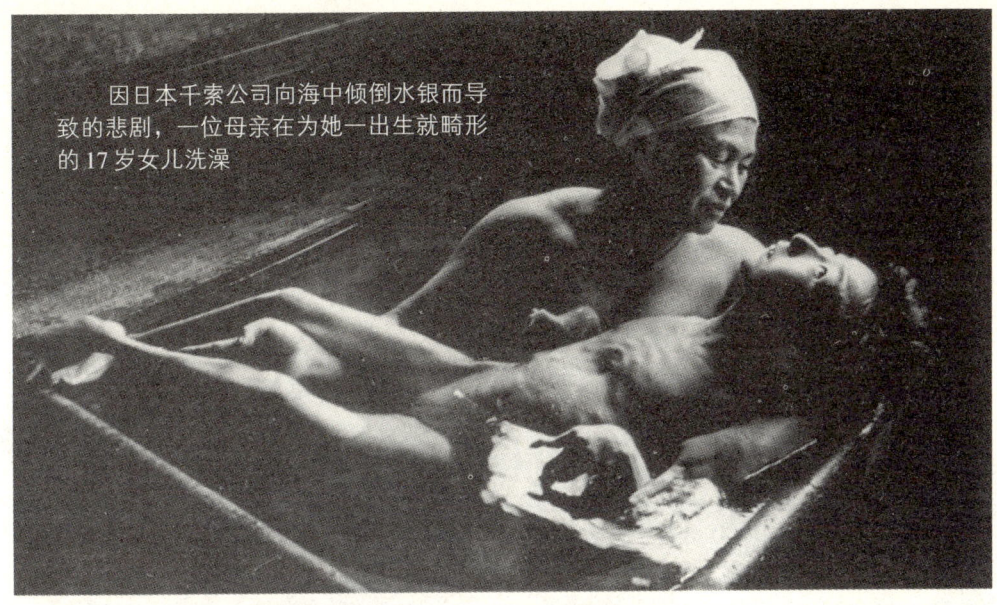

因日本千索公司向海中倾倒水银而导致的悲剧，一位母亲在为她一出生就畸形的17岁女儿洗澡

这条死于水俣湾的鱼不知已被多少海鸟啄食过了，海鸟们也会像那些吃了死鱼的猫一样疯狂而死吗？

这是一幅真实记录光化学烟雾的照片

ZI RAN JIAN SHI

当泄漏的毒气包围印度博帕尔时,数百名的受害者在床上窒息而死;其余的人逃出家门,但茫茫夜色中,看不见的毒气使他们双目失明

第二章 非理性的发展威胁着人类的生存

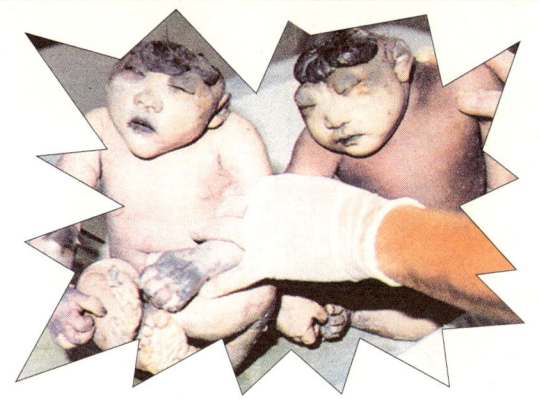

发生严重核泄漏事故前的切尔诺贝利核电站

20世纪60和70年代，美国为摧毁越南游击队及后勤运输队藏匿的丛林，用飞机喷洒了大量化学落叶剂和枯草剂。15年后这一地区仍是荒芜一片，当地居民的后代出现了许多无脑儿等畸形胎儿。这从一个侧面反映了滥用农药带来的危害

1984年12月3日午夜，美国联合碳化物公司设在印度博帕尔的农药厂内，一团有毒的甲基异氰酸盐气体由杀虫剂储气罐上不合格的阀门溢出。一周之内即有约2 000人死于非命，另外2 000多人在此后的数月内陆续死亡，还有20万人受伤或患病。

1986年4月26日，苏联切尔诺贝利核电站由于管理不善和操作失误，4号反应堆爆炸起火，造成大量放射性物质外泄，先后有280多人死亡，数百人受到严重的放射性伤害，共有13万居民被迫从核电站附近迁走。

切尔诺贝利核泄漏之后很久，进入该地区进行检测的人员还必须采取严格的防护措施

83

现代都市的空气污染会不会再次造成伦敦烟雾事件？

城市中沾满煤灰的花朵

追求工业化的发展中国家会重演马斯河谷事件吗？

第二章 非理性的发展威胁着人类的生存

自20世纪50年代以来，不但工业"三废"（废水、废气、废渣）排放量大，而且出现许多新的污染源和污染物，使原来未被污染波及的领域和地区也不能幸免。1991年夏，登山队员在珠穆朗玛峰上发现了被黑色尘粒污染的白雪。据分析，这是此前在海湾战争中科威特油田大火所产生的烟尘随高空气流飘至青藏高原所致。可以说，现在地球上已很难找到一块未被污染的"洁净绿洲"。

 科学家在南极企鹅体内发现了农药DDT的残留。人们不禁要问：地球何处是净土？

碧浪清波何处有

水是大自然赐予人类的宝贵财富,也是人类生存的命脉。可是人类在生活和生产活动中,不仅消耗了大量的水资源,同时又将生活污水、含有各种有毒物质的工业废水以及化肥、农药不断排入清洁的水体,使河流、湖泊、海洋失去了往日的清波碧浪。英国的泰晤士河早在1850年鱼虾就绝迹了;美国最大的密西西比河,杀虫剂、酚、砷、汞、镉等各种有毒物质样样俱全。

在我国已监测的78条河流中,有54条被未处理的污水和工业废物所污染,长江、黄河、淮河、辽河、海河、珠江、松花江受到严重污染。流经包头的黄河段含酚量曾超过国家标准的8倍,因饮水被污染而迫使520户居民迁往他乡,几万亩良田被抛弃。

工业废水顺着排污沟流入江河,毒害着下游广大地区

第二章 非理性的发展威胁着人类的生存

我国水资源严重不足,而污染又在毒化着大量宝贵的水资源!

流经太原的汾河被垃圾堵塞

造纸厂废水

化工厂废水

农药随水的挥发进入大气,又形成雨,造成河水污染。

生活污水

喷洒化肥和农药直接作用于土壤和河流。

含有化肥和农药的水流入江河。

水污染引发的赤潮

工业污水

家畜吃了有毒的饲料,体内也含有毒素。

农药残存在粮食作物中。

水污染造成鱼类死亡,也使鱼类带有毒性。

人吃了受污染的食物,健康将受到影响,严重的导致死亡。

石油对水体的污染

鸟类受到石油的污染

87

工厂排放的工业废水中，含有多种污染物质。其中在钢铁厂、焦化厂和炼油厂的废水中，一般含有酚、氰类化合物，化工厂、化纤厂、农药厂、皮革厂等废水中含有砷、汞等有害物质。

生活污水主要指洗衣、洗菜、洗澡、粪便等废水。这类废水中含有大量的氮、磷等成分，是河湖发生"水华"和近海海域发生"赤潮"的主要原因。

中国农田化肥和农药的使用量远远超出了世界平均水平，其中化肥使用量比美国、法国、加拿大、澳大利亚和印度五个农业大国的平均使用量高出4倍。化肥和农药使用量过大，不仅造成农业成本上升，而且导致了农田、农作物和水质的污染。

2004年6月的最新调查数据表明，在安徽省0~64岁的死亡人口中，20%的人死于癌症。安徽省疾病预防控制中心的科技人员认为，这与淮河水的严重污染紧密相关。直接饮用淮河水，食用淮河水浇灌的农作物或饲养的家禽、家畜，都会把多种有害物质带入人体。

淮河水的严重污染，使癌症成为导致安徽人死亡的"第一杀手"。

第二章 非理性的发展威胁着人类的生存

自然简史

生活污水中的洗涤剂和工业废水所产生的泡沫几乎淹没了污水处理池的通道

城市中的水污染

淮河支流大部分河道的水质已下降为劣5类,失去了任何使用价值

ZI RAN JIAN SHI

近年来海上油轮因各种事故发生原油泄漏的事件层出不穷

第二章　非理性的发展威胁着人类的生存

非洲乌干达的一个美丽海湾，这里的海域刚刚遭受到一艘油轮泄油的侵害

墨西哥湾不再美丽，这里是石油污染最严重的地区

石油对水体的污染主要是由于石油工业废水排放，石油运输船只的清洗、意外事故以及海上采油等引起的。它不仅破坏了海滨风景，还严重危害水生生物，尤其是海洋生物；还可引起大火，危及桥梁和船只。

目前，海洋污染已成为举世瞩目的问题。日益增多的海运事故和石油从钻井、港口、油轮漏入大海，已对海洋生态系统构成了严重的威胁；另外，海水表层的重金属含量成倍增加，在工业上用作催化剂和电极的汞已成为海洋的重要污染物。这些污染对海洋生物带来的灾难是难以估量的。

含有大量的氮、磷等物质的污水流进湖泊和海湾,导致水体富营养化,遇到合适的气候和水文条件,会使水中的藻类等浮游生物急剧增殖,湛蓝色的海水中布满红色的浮游生物,这就是"赤潮"。赤潮可导致水中缺氧,直接影响渔业生产,甚至还会影响人体的健康。

赤潮是海洋生态严重恶化的结果,往往造成海洋动植物大量死亡,而且食用含有赤潮毒素的海产品会造成食物中毒。20世纪60年代以前,赤潮在我国属于罕见事件,平均5~6年才发生一次,70年代大约为每两年一次,80年代增至平均每年四次,到90年代,我国平均每年发生赤潮34次,2002年达79次。

我国75%的湖泊出现了富营养化,滇池、巢湖、太湖污染最为严重。长期以受污染的水体为食物和饮用水来源,将导致人体器官病变,甚至引发癌症。目前,我国尚有3.6亿农村人口喝不上符合标准的饮用水。

> 水面上长满了水葫芦和蓝藻的云南省滇池。生活污水、畜牧业的动物排泄物和肥料中的养分流入河、湖,使水体富营养化,导致水葫芦、蓝藻数量剧增

2004年春发生在山东长岛附近海域的赤潮

第二章 非理性的发展威胁着人类的生存

工人在滇池打捞蓝藻后,身上被蓝藻染上浓浓的绿色,如同被刷上了一层厚厚的绿油漆

 随着近海环境污染和海洋开发活动的发展,我国沿海不断发生赤潮,并呈逐年剧增的趋势。

大气污浊郁难舒

人类进入工业化社会后，工业文明为人类创造了巨大的物质财富，同时也把数以亿吨计的烟尘排放到大气圈中，大气污染日趋严重，直接威胁人类的生存和发展。

空气中的主要污染物是可吸入颗粒物和二氧化硫。我国55%的城市可吸入颗粒物浓度超过国家空气质量二级标准，有的城市颗粒物和二氧化硫浓度接近于当年伦敦烟雾事件的水平。可吸入颗粒物严重影响儿童呼吸健康及肺功能。

随着汽车数量的增加，我国一些大城市出现煤烟和汽车尾气复合型污染，甚至出现类似洛杉矶光化学烟雾事件的污染现象。儿童长期吸入汽车尾气，可导致贫血、眼病、肾炎等"城市儿童交通病"。

> 我国已成为世界上二氧化碳和二氧化硫排放量最大的国家之一！

中国农民经常将收获后农田中残留的秸秆付之一炬，造成了严重的空气污染。图为河北廊坊农民在燃烧麦秸，烟雾笼罩了附近的京津高速公路

第二章 非理性的发展威胁着人类的生存

工厂排烟对大气产生污染

火力发电厂的冷却塔。火力发电厂在燃烧煤炭、石油、天然气的过程中，会向空气中排放多种有害物质

小知识： 可吸入颗粒物和光化学烟雾

可吸入颗粒物大部分来自燃煤烟尘、汽车尾气和二次污染物，其中粒径大于10微米的称为落尘，可以较快地落到地面；颗粒小于10微米的称为飘尘，可以长期漂浮在大气中。飘尘是导致呼吸系统症状（例如气促、咳嗽等），加重慢性呼吸道炎症、肺气肿、肺癌等疾病的主要污染物。

含有氮氧化物和碳氢化合物的大气（在城市大气中主要来源于汽车尾气），在阳光中紫外线的照射下，发生一系列的化学反应，所产生的产物及反应物的混合物被称为光化学烟雾。它的特征是烟雾呈蓝色，具有强氧化性，刺激人们眼睛，伤害植物叶子，并使大气能见度降低。

苍天有怨降酸雨

酸雨是对环境的一种严重威胁，它的破坏力很大。酸雨不仅能杀死水生生物，破坏水体生态平衡，而且还能伤害陆地植物、农作物和各种树木；破坏土壤肥力；延缓森林中有机物质的分解，使树木生长缓慢并易感病害；同时还能腐蚀金属、建筑物和历史古迹。

酸雨最初发生在北欧斯堪的纳维亚半岛各国，后来在从欧洲到日本、从亚洲到北美洲的北半球广大地区内都经常下酸雨。北美、欧洲和我国是世界三大酸雨区，北美、欧洲酸雨污染已基本得到控制。

我国约1/3的国土面积正在受到酸雨的威胁，主要分布在长江以南、青藏高原以东的地区和四川盆地。国家将污染较重的地区划定为酸雨和二氧化硫污染控制区，共涉及27个省、自治区、直辖市的175个地市，占国土面积的11.4%。

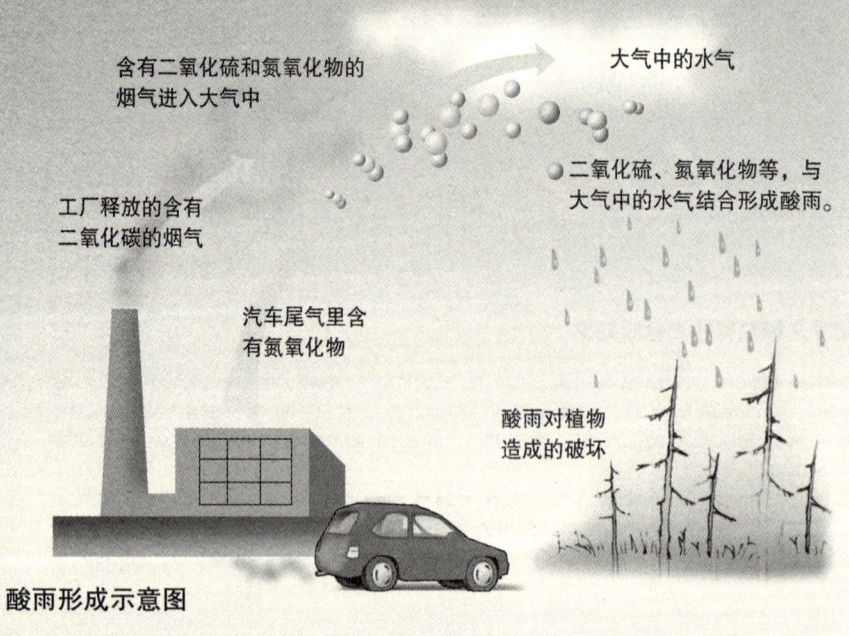

酸雨形成示意图

第二章 非理性的发展威胁着人类的生存

酸雨使中国大量的林木被毁

直升飞机正在往湖里和森林中喷洒石灰，降低湖水的酸度，以减少酸雨所造成的危害

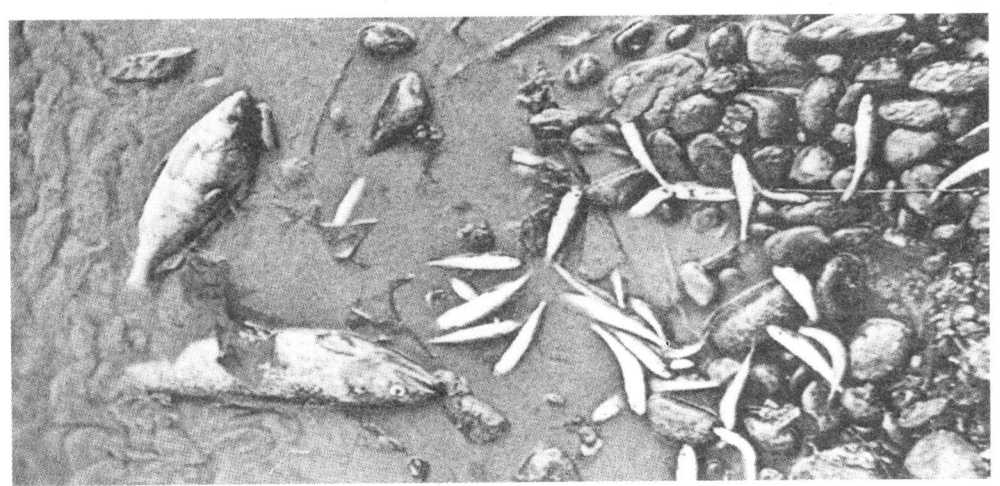
酸雨竟然导致河中的鱼大批死去，可见其酸度之甚

> ⚠ 我国约1/3的国土面积正在受到酸雨的威胁！

气候变暖谁之过

随着工业革命的发展，人类越来越多地从地球上获取大量的化石燃料作为能源，并向大气中释放出大量的二氧化碳。测量保存在南极冰被钻探芯中的空气所含二氧化碳可知，目前大气中二氧化碳的浓度比工业革命以前增加了31%，而且其增加速度至少是近两万年来的最高值。

大气中二氧化碳浓度的增加会通过温室效应影响地球的热平衡，它使积聚的热量不易被疏散出去，导致地球大气越来越热。过去100年的记录显示，地球气温平均上升了0.5℃，而且极有可能在以后的50年内继续上升4.5℃。

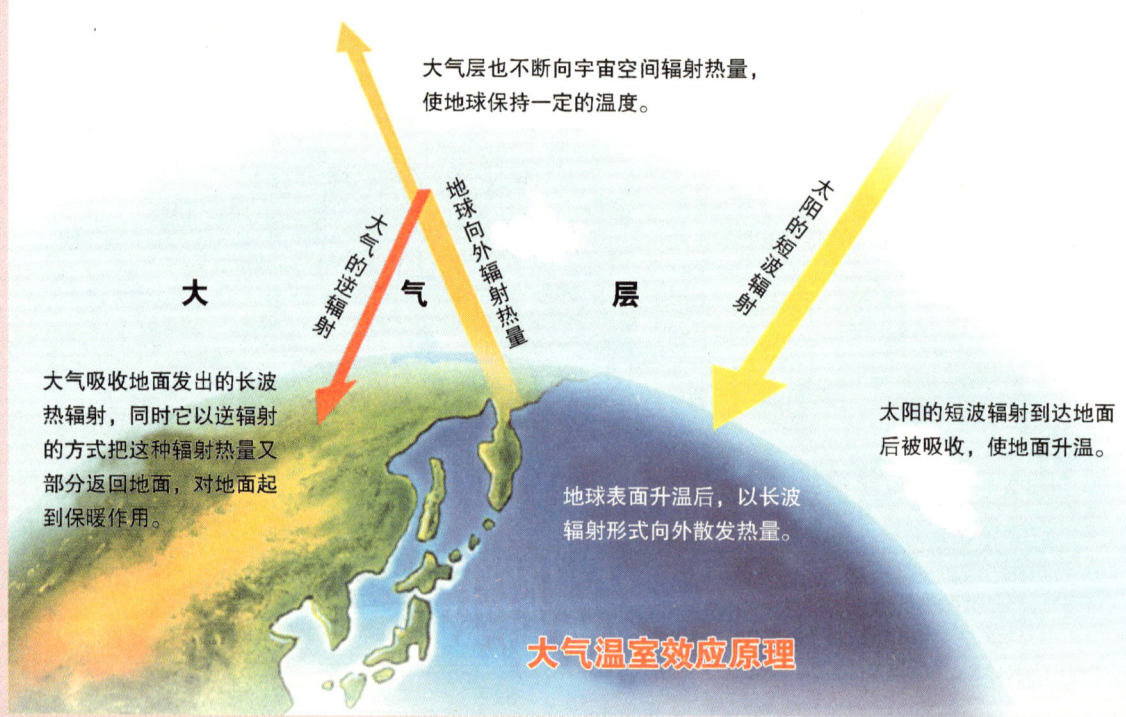

大气温室效应原理

第二章 非理性的发展威胁着人类的生存

南极冰被占地球上所有冰的90.6%，如果全部融化，将使海面上升约65米。目前已确认，南极部分冰山正在迅速消融、崩解

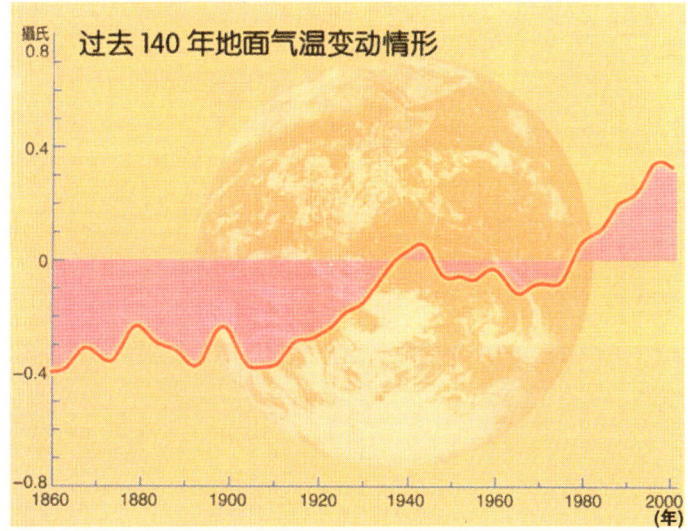

小知识：温室效应

地球的大气层起着保温作用，它允许波长较短的太阳辐射穿过大气层抵达地球表面，却能够阻挡地面向外辐射的波长较长的红外线，使地球保持一种温暖的状态，类似于温室玻璃所起的作用，因而被形象地称为"温室效应"。地球大气中能产生温室效应的气体主要有水气、二氧化碳、臭氧等。

美国电影《后天》中海啸席卷纽约的场面

　　气温升高带来的直接后果是两极和高山冰雪消融和海平面上涨。自20世纪60年代后期以来，全球冰雪的覆盖面积已经减少了10%。与此相应的是，20世纪全球海平面平均上升了0.1~0.2米。目前海平面仍在继续上升，每年上升1.5~6毫米不等，约为40年前海平面上升速度的10倍！据科学家推算，海平面升高0.5米就将使5 000万至1亿人口受到海潮、水灾等的威胁。

　　美国2004年公映的科幻影片《后天》描述了温室效应导致海平面上升，海啸席卷了纽约等美国城市。如果人类再不理性地审视自己的行为，《后天》所描绘的情景将不再仅仅是幻想。

大火过后的"牙签林"。气候变暖、干旱和人类在林地的活动，是导致森林火灾的重要原因

第二章　非理性的发展威胁着人类的生存

分别于1978年（上）和1998年（下）拍摄的尼泊尔东部的小型冰河，冰河后退的情形一目了然

ZI RAN JIAN SHI

谁能想象到，我们乘坐的喷气式民航客机的尾气竟然也是臭氧层的一大"杀手"

臭氧空洞罪在己

在距地球表面15千米~20千米的大气圈上层臭氧含量丰富，臭氧能过滤阳光中对人体和生物有致癌和杀伤作用的紫外线，从而保护人类和生态系统免受伤害。

有证据表明，人类的活动正在干扰和破坏着臭氧层的自然平衡，使臭氧的分解过程大于生成过程，臭氧层正在变薄。

20世纪70年代初，荷兰气象学家P·克鲁岑在研究中发现氮的氧化物对大气平流层臭氧的破坏作用，这些氮氧化物来自汽车和高空喷气式飞机的尾气。

70年代中期，美国化学家F·S·罗兰和M·莫利纳发现氟利昂和其他含氯氟烃物质也是破坏臭氧层的主要罪魁祸首，这些化合物已被广泛用于各种喷雾器（工业用、农业用和家用）的雾化剂、除臭剂和冰箱的制冷剂。随着高科技工业的发达，含氯氟烃的消费量也在增加。

1985年，人类首次发现南极上空出现"空洞"，这一发现被雨云7号卫星的观

臭氧层空洞导致皮肤癌发病率上升令众多喜爱日光浴的人们心生恐惧

第二章 非理性的发展威胁着人类的生存

测所证实。因上述研究成果，克鲁岑、罗兰和莫利纳共同荣获了1995年诺贝尔化学奖。

根据观测，研究人员确认了南极上空的臭氧空洞于2000年9月达到过去以来的最大。该臭氧空洞的范围达2918万平方千米，相当于南极大陆面积的两倍以上，为臭氧空洞刚被发现时的23倍强。

据研究，大气圈上层中的臭氧每减少1%，到达地球表面的紫外线辐射强度就会增加2%，白内障的发病率则增加0.6%~0.8%，皮肤癌的发病率增加2%~4%。

> **小知识：氯氟烃化合物**
>
> 氯氟烃是人类在工业中制造出来的化合物，它们性质稳定，一般情况下不与其他物质发生化学反应，但当逸散到大气圈上层后，在强紫外线的照射下分解出自由氯原子，然后与臭氧发生反应，使之分解，从而使臭氧量减少，破坏臭氧层。

这是国外一幅宣传画，它生动地说明人们常用的喷雾气体中的氯化物能够摧毁臭氧层

1986年雨云7号卫星拍摄的南极上空的臭氧空洞

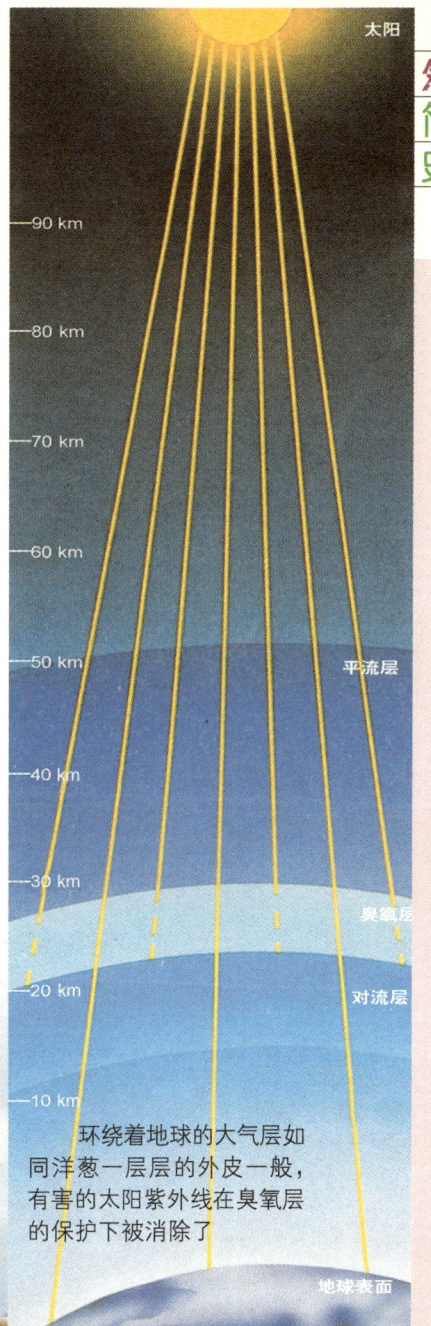

环绕着地球的大气层如同洋葱一层层的外皮一般，有害的太阳紫外线在臭氧层的保护下被消除了

103

灾难"圣婴"不期遇

在东太平洋的厄瓜多尔和秘鲁海岸，每年圣诞节前后，海洋表层海水的温度常出现升高的现象，一般到3月份又会自然消失。由于这一现象发生在圣诞节前后，当地人把它称作"厄尔尼诺"（西班牙语音译），意为"圣婴"。但有时在东太平洋和中太平洋赤道附近的洋面上，海水反常地持续升温，温度超过常年平均0.5℃以上，并且持续半年以上，这种情况便是气象学和海洋学上所说的"厄尔尼诺"现象。

"厄尔尼诺"现象在20世纪后期成为全球的新闻热点。特别是1982~1983年和1997~1998年爆发的两次较强的"厄尔尼诺"现象，全球气候异常，气象灾害频发。

在"厄尔尼诺"期间，赤道附近的太平洋沿岸及周边广大地区将会发生干旱、暴雨、飓风等灾害。

究竟是什么原因造成了"厄尔尼诺"现象呢？科学家对此一直众说纷纭。有科学家认为可能与海底火山爆发或地球自转速度变化有关，也有科学家从"厄尔尼诺"发生周期逐渐缩短、频率加大这一点推断，"厄尔尼诺"越来越猖獗是地球温室效应加剧引起的全球气候变暖导致的，当然这还需要大量的科学佐证。

丛林因干旱和炎热而引发火灾，这是"厄尔尼诺"带来的灾难之一

"厄尔尼诺"造成赤道西太平洋沿岸地区干旱

第二章 非理性的发展威胁着人类的生存

美丽的秘鲁海岸。"厄尔尼诺"现象就发生在秘鲁附近的太平洋海域

1998年夏季，我国长江、松花江、嫩江等流域发生了特大洪水，全国共有29个省、自治区、直辖市遭受了不同程度的洪涝灾害。专家认为，"厄尔尼诺"现象是导致1998年中国气候异常的主要原因之一

引发世界各地自然灾害的"厄尔尼诺"频频光顾的罪魁祸首很有可能正是人类自己！

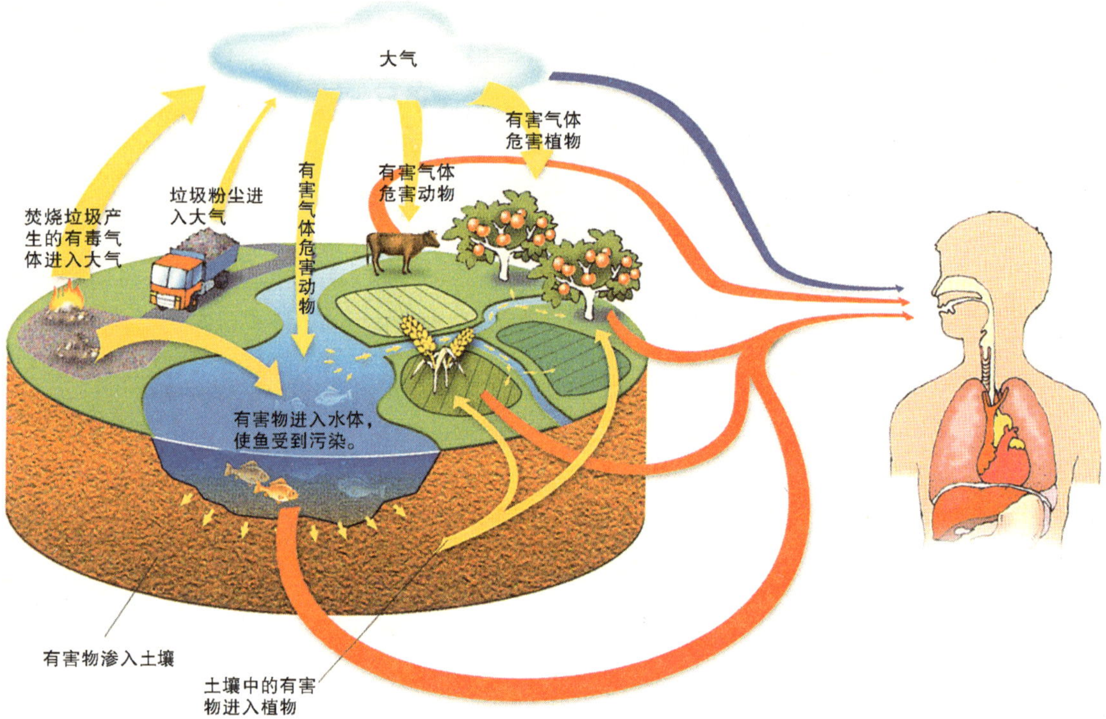

ZI RAN JIAN SHI

垃圾对人体的危害

　　露天堆放的垃圾，当进行燃烧处理或刮大风时，垃圾粉尘就会污染大气环境。垃圾场污水渗漏，则污染了地下水。没有经过处理的垃圾施用于农田，将污染农作物和蔬菜，人吃了受污染的粮食、瓜果和蔬菜就容易生病

"垃圾长城"岂为荣

　　随着生产的发展和人民生活水平的提高，工业和生活垃圾等固体废弃物的排放量骤增，而堆放和处置场地却日益减少（处置费用也越来越高），以及由于有害废弃物处置不当所造成的对大气、水和土壤的严重污染，加剧恶化着环境，威胁人类的健康和生命。

第二章 非理性的发展威胁着人类的生存

废旧汽车和轮胎使人类不仅付出土地、空气、金钱的代介，还要牺牲自身的健康

小知识：固体废弃物

固体废弃物通常是指生产和生活活动中丢弃的固体和泥状物质，包括从废水、废气中分离出来的固体颗粒物。实际上所谓废弃物一般是指在某个系统内不可能再加工利用的部分物质。例如，植物的枯枝落叶、动物的骨骼及排泄物，人们生活中的各种垃圾，工业生产过程的排除物等，所有这类形形色色的物质统称为固体废弃物。

目前我国受固体废弃物污染的农田超过了50万亩，工业固体废弃物的历年堆放量超过了60亿吨，若将其垒成高3米、宽2米的高墙，"垃圾长城"足以绕地球2.5圈！

107

我国城市垃圾清运量由1998年的1.13亿吨增加到2000年的1.36亿吨，处理率仅为54.2%。城市垃圾大部分采用填埋处理，少数焚烧处理；小城镇和农村垃圾基本上是露天堆放。而目前的垃圾处理技术水平低下，所产生的二次污染十分严重：全国47个环保重点城市的垃圾填埋场渗漏液及地下水污染物超标率分别达到71%和89%；抽样监测的300多个垃圾厂中能达到基本无害化处理的仅为16%；大部分垃圾焚烧厂所产生的废气中二恶英（一种具有强致癌、生殖毒性、免疫毒性和内分泌毒性的物质）超标。

电子垃圾产生的高峰期已经来临。目前我国废电器处理量很大，每年报废电冰箱400万台、电视机500万台，并逐年增加。电视、电脑、手机、音响等产品含大量有毒有害物质，采用手工拆解和焚烧等原始方式处理废电器，使当地乌烟瘴气，河流"死黑如墨"。

化学品废弃物蔓延到北极和南极

第二章 非理性的发展威胁着人类的生存

堆积如山的垃圾就是我们未来的家园吗

废旧电视机、电脑、音响、手机、打印机等电子垃圾中含有大量铅、汞、镉、铬等多种重金属和聚氯乙烯、溴化物,它们对环境和人的健康构成严重威胁

方寸净土何处寻

　　大气污染、水污染和固体废弃物污染,直接和间接地制约着耕地的现实生产力,并对耕地持续生产力的保持和提高构成潜在威胁。我国农田普遍农药、化肥施用量过大,已对土壤、水体和大气产生不同程度的污染。为改善作物生长条件而使用的地膜(增加土壤温度和湿度)和衬膜(防止水肥渗漏),也引起越来越多的耕地污染。全国每年因耕地污染造成的粮食减产达到12.5亿千克,污染粮食25亿公斤以上,污染对蔬菜、水果、茶叶、烟叶和养殖业的产量和质量也都有很大影响。从这个角度看,我国完全不受污染的耕地已很难找到。

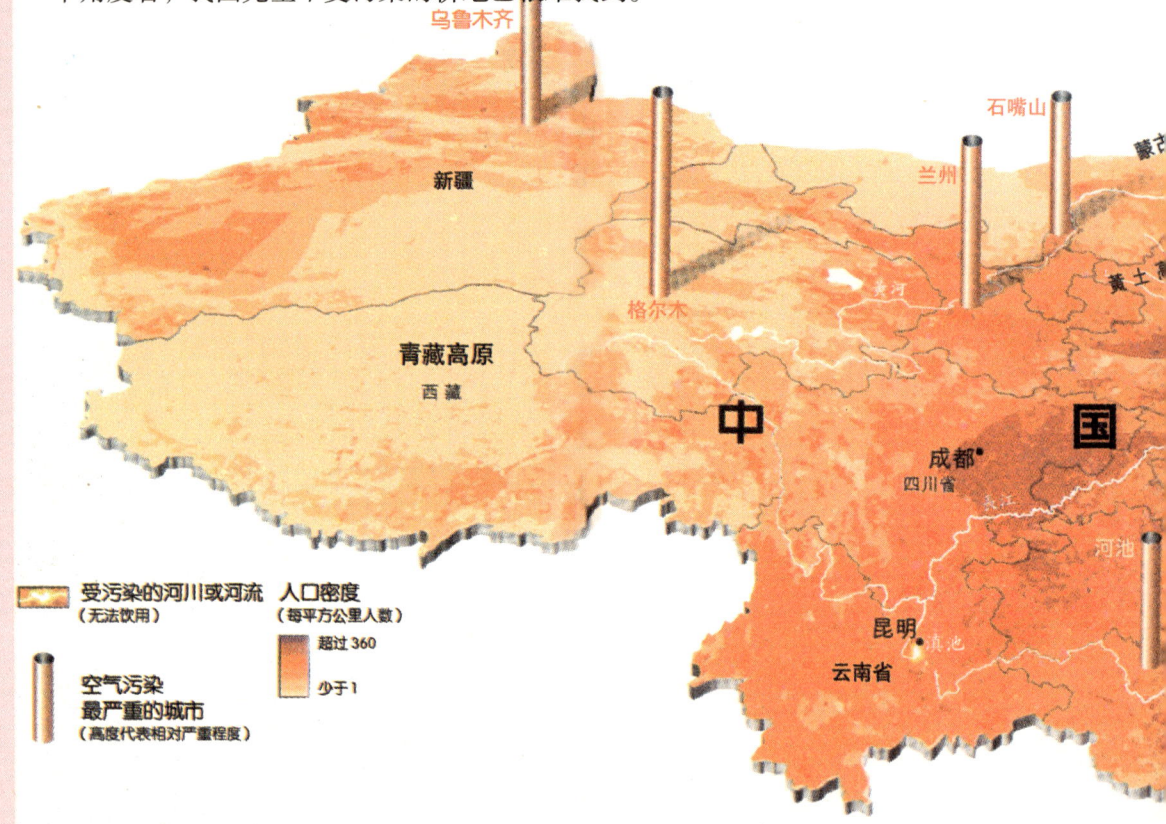

　　污染的大地。我国空气品质最差的城市大多在北方,空气中弥漫着可吸入颗粒和工业废气;我国大部分人居住在东部,污染严重的河流在这个区域纵横交错

第二章 非理性的发展威胁着人类的生存

自然简史

喷洒到农作物上的农药和化肥,可被雨水冲洗到河流和溪流中,然后污染植物和动物

造纸厂排出的废水把这条河彻底毁掉了

我国受工业"三废"污染的耕地面积达400万公顷,占全国耕地的1/20,受镉、砷、铬、铅等重金属污染的耕地达80万公顷!

111

这3幅水彩画选自1608年意大利农场主吉斯坡·波利尼所写的一篇论文中，表现了威尼斯附近一座山峰被过度砍伐造成的后果。树被伐倒后，农民又烧掉了树桩，开垦出农田。表土失去了树根的保护，被雨水冲刷净尽，只留下光秃的山坡

内蒙古毛乌素沙地过去曾是绿草如荫的草原，由于自然环境的变迁和过度的垦荒放牧，使土地逐渐沙化。20世纪50年代以来，经过不断治理，面貌开始好转。

第二章 非理性的发展威胁着人类的生存

4. 大自然的报复

人类利用和改造自然取得了辉煌的成就，以至于人类误认为可以支配自然界，可以成为自然的主人。纵观整个社会发展史，人类对于自然的每一次不合理使用，都导致了自然界作出报复性的反应。正如恩格斯指出："我们不要过分陶醉于我们对自然界的胜利。对于每一次这样的胜利，自然界都报复了我们。"

曾经有人这样勾画历史的简要轮廓："文明人横扫地球表面，足迹所过之处留下一片荒漠。"此说并非危言耸听，人类滥用自身赖以生存的土地及其资源，使土地退化从而导致文明衰退的历史教训数不胜数。人类糟蹋了大片土地，这正是人类的文明不断从一处迁移至另一处的主要原因，也是若干古代文明衰败的主要原因。

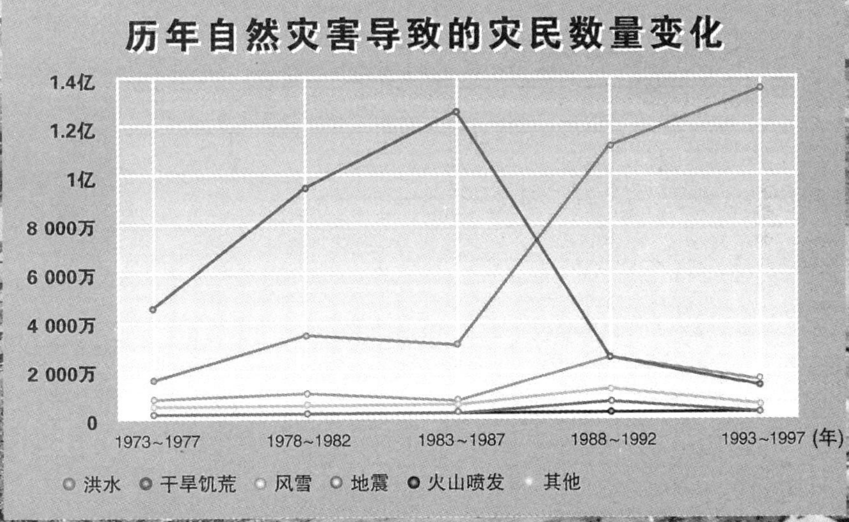

历年自然灾害导致的灾民数量变化

（图表：纵轴 0 至 1.4亿，横轴 1973~1977、1978~1982、1983~1987、1988~1992、1993~1997 (年)；图例：洪水 干旱饥荒 风雪 地震 火山喷发 其他）

全球因自然灾害导致灾民数变化状况。20世纪70年代到80年代中期，由于旱和饥饿导致的灾民数最多，但80年代后期以后，洪水灾民数急剧且持续增加，其原因可能是气候变化的影响，以及随全球人口的增加，多数人集中于容易引起水灾的地区等。

113

古希腊与古罗马文明的衰落

　　光辉的古希腊文明和古罗马文明诞生在地中海沿岸。公元前680年,古希腊由于人口的增长和聚居区的扩大,造成了耕地的减少和土地生产力的下降。尽管从公元前590年开始,历代统治者为了恢复土地的生产力,号召种植橄榄树以保护土壤、修筑台地以防止水土流失,并采取了一系列保护环境及鼓励生产的措施,但是人口增长的巨大压力仍然没能避免希腊文明在公元前339年的伯罗奔尼撒战争之后衰落。

　　几个世纪以后,古罗马也出现了同样的问题。人口的增长引起植被的破坏、水土的流失和洪水的泛滥,使肥沃的表土被带进河流,并在河口处淤积,繁荣的都市一个接一个地消失在沼泽和荒野中。环境的恶化就这样使辉煌的古罗马文明遭到毁灭性的打击。

雅典卫城上的帕特农神庙

第二章　非理性的发展威胁着人类的生存

古罗马文明遗址

古希腊奥林匹亚山遗址

ZI RAN JIAN SHI

古丝绸之路沿线文明的消失

　　塔克拉玛干沙漠南部，是我国历史上记载的发达地区之一，这里早在新石器时代就出现了灌溉农业。公元前2世纪张骞出使西域时，看到不少沙漠之中的城廓和农田。作为西域交通要道的丝绸之路南道所经楼兰、且末、精绝、策勒、于田等地均有很发达的农业。然而今天，古代的大片良田已沦为流沙，古楼兰绿洲也全变成不毛之地，曾经浩瀚的罗布泊已经干涸。丝绸之路沿线的古文明已消失在荒漠之中。

　　丝绸之路沿线的环境变迁和古文明消失，固然与气候变化、降水量减少、冰川融水萎缩、河流断流、水系改道等自然因素有关；但土地的过度开垦、水资源和生物资源的不合理利用、天然植被的破坏以及战争等人为因素却是这里古文明消失的主导原因。

内蒙古巴丹吉林沙漠腹地的胡杨。胡杨素以耐旱著称，有"千年不死，死后千年不倒，倒后千年不朽"之说。而今天，它的残枝正在以各种悲愤的姿态——张扬、扭曲、挣扎、愤怒、隐忍，无奈地在为自己举行悲壮的葬礼，仿佛是在呼唤生命之水，在为环境的恶化唱着挽歌

第二章 非理性的发展威胁着人类的生存

楼兰古城复原图

800年前西夏王朝重镇黑水城（今宁夏境内）遗址

古丝绸之路上的楼兰古城遗址

ZI RAN JIAN SHI

贪婪的人类将成群的鲸鱼驱赶进海湾进行屠杀

我们留给子孙后代的除了高楼大厦之外,难道只有荒漠戈壁吗

美丽富饶而又"鸦雀无声"的成都平原。20世纪80年代后农民大量使用国家明令禁止的有机磷农药,导致今天这里麻雀、喜鹊等鸟类难觅踪影

第二章 非理性的发展威胁着人类的生存

我们需要一个寂静无声的春天吗

"……一种奇怪的寂静笼罩了这个地方。比如说，鸟儿都到哪去了呢？……曾经一度是多么引人的小路两旁，现在排列着仿佛火灾浩劫后的、焦黄的、枯萎的植物。被生命抛弃了的这些地方也是寂静一片。甚至小溪也失去了生命；钓鱼的人不再来访问它，因为所有的鱼已经死亡……"这就是美国生物学家卡逊1962年在其所著的《寂静的春天》一书中，对全球环境问题敲响的警示钟。

人类是地球上的宠儿，人靠大自然生存，也靠大自然发展。人类在取得社会财富和利用自然方面表现出非凡的智慧和高超的技术，但在对自然资源的利用与对自然的破坏方面又表现出极大的浪费和十足的愚蠢。人类频繁的活动已使今日之地球失去了原有的艳丽姿色。人们有理由担心：地球上是否会呈现出一派"寂静的春天"？

美国生物学家、科普作家卡逊（1907~1964）

第三章

与自然和谐发展，人类的希望所在

在痛感前人和我们的非理性行为所造成的恶果时，我们更应看到希望和出路。我们不可能再回到采果而食、结草而衣的原始年代，人类要发展，技术要进步，经济也要增长。仅有对大自然的忏悔并不能让我们摆脱地球环境日益恶化、资源日益减少的趋势，我们还需要有行动。科学发展观、统筹人与自然和谐发展，正是指引我们行动方向的绿色罗盘。

"绿色环境""绿色产业""绿色GDP""绿色文明"……"绿色"既表明人类对以往非理性行为的反思，同时也代表着今后与大自然和谐共处、和谐发展的信念。它不应仅仅停留在人们的美好愿望之中，更应是每一个人从自己做起、从身边做起的行为准则！

既然是人类使地球的环境恶化，人类当然对改善地球环境责无旁贷。走绿色之路永远不会嫌早，也没有终点。"绿"漫漫其修远兮，吾将上下而求索！

只有与自然和谐共处，人类才能永续发展

第三章 与自然和谐发展，人类的希望所在

自然简史

四川省成都市正在积极建设"生态之都"

1. "绿色"呼唤科学的决策方式

　　人类与其他生物的最大区别在于其拥有无与伦比的智慧,这使得人类拥有大大超出其他生物的改变生活条件的能力,也使得人类拥有了大大超出其他生物的破坏自然环境的能力。虽然人类的贪婪与自私受到法律政策、伦理道德等一系列行为规范的约束,但生存发展的需要、眼前利益的诱惑及认识的局限等,往往会使人作出一些非理性的举动。尤其当这些非理性的举动是政府作出的决策时,造成的恶果就更为严重。

　　所以,各级政府必须要树立正确的政绩观,坚持按科学规律谋划发展大计,以绿色GDP作为衡量政绩的尺度。背离科学发展观的所谓政绩,只会使发展陷入误区和盲区。

描绘美国开发西部的情景

小知识: 绿色GDP

绿色GDP是对传统GDP指标的调整,是在传统GDP的基础上加减一些资源、环境、人文等因素。虽然目前国际上还没有公认的绿色GDP核算方法,但它作为一种理念,反映了人类社会关怀地球、善待自然以及对自身发展的理性思考。我国政府已着手研究制定适合我国国情的绿色GDP核算体系。

阿拉伯联合酋长国的马尔科岛以前是以沙丘著名,现在已经成为旅游胜地

第三章　与自然和谐发展，人类的希望所在

盲目决策——"政绩"变"政疾"

美国圣路易弧形拱门是为了纪念不屈不挠的西进拓荒者而建，走过它便意味着进入美国的西部大地

在人类历史上，因盲目决策引发的生态恶果并不罕见。19世纪20~30年代，美国政府鼓励东部的大批农民和城市失业居民向半干旱的中西部大草原移民开荒，这项政策当时被认为是既发展中西部又解决饭碗问题的英明决策。在新型农业机械的帮助下，中西部迅速成为美国的主要粮仓。孰料好景不长，这种掠夺性的过度垦牧造成新垦地大面积沙化，沙尘暴渐成气候并愈演愈烈。1934年，震惊世界的"黑风暴"降临了：裹挟着大量新耕地表层黑土的西风化为东西长2 400千米、南北宽1 400千米、高约3千米的"黑龙"，3天中横扫了美国2/3地区，摧毁了无数的农田、水井、道路与河流等，16万农民被迫逃离家园，美国农业倒退了整整10年！

图为美国怀俄明州的一个牛仔路标，它所指示的方向正是19世纪20~30年代前往西部地区移民的路线

20世纪50年代，埃及政府为了发展农业，决定修建该水坝。当时有两个方案可选择：低坝方案和高坝方案。前者需时25年，后者仅需6年。当时曾有不少专家指出，后者可能带来严重的生态问题。但当时政府急功近利，毫不犹豫地采纳了第二方案。结果由于设计的片面性，没有把上、中、下游和海口、地下水、生物等作为一个整体来考虑，水库建成后，虽然在发电和灌溉方面起到了重要作用，但却引发了一系列的生态问题：尼罗河两岸的绿洲日益盐碱化，河口三角洲平原向内陆收缩，沙丁鱼产量大大减少，尼罗河下游的活水变成相对静止的"湖泊"，使血吸虫病大为流行。

无独有偶，前苏联政府在未经科学论证的情况之下，于1954年至1960年间贸然实施了开发中亚地区的"开垦处女地运动"，在今土库曼斯坦卡拉库姆沙漠附近修建1 400千米长的运河，从原世界第四大内陆湖咸海的主要水源——阿姆河和锡尔河调水灌溉荒漠草场和新农垦区，使运河沿线成为以棉花为主的农业基地。

然而，咸海的两大水源都被截走，咸海水位急剧下降，湖水含盐度和矿化度急剧升高，湖中物种80%死于非命。更甚的是咸海30年间面积竟从6.6万平方千米锐减到2.5万平方千米，湖岸线后退了40千米~60千米。一望无垠的裸露的湖底盐碱，成为孕育"白风暴"（含盐尘的风暴）的温床。从20世纪80年代起，每年都要发生几十起"白风暴"，生态灾难绵延至今。

我国陕西渭河上游地区近年来频频发生洪灾，一些专家认为：下游修建水库导致渭河上游水位被抬高，排洪不畅，是引发洪灾的重要原因

第三章 与自然和谐发展，人类的希望所在

自然简史

前苏联在"开垦处女地运动"中开辟的农垦区

咸海边阿姆河入海口的三角洲

埃及阿斯旺大坝

 兴修水利本来是造福一方的好事，但任何事物都有两面性，关键是如何更好地兴利除弊，而好大喜功、不充分进行科学论证的结果只能使好事变坏事，"政绩"成"政疾"。

ZI RAN JIAN SHI

撒哈拉沙漠

前苏联1948年开工的"斯大林改造大自然计划"本来是为改善前苏联欧洲部分生态，但为了迅速达到生态效果，前苏联政府在未科学论证的情况下在各地实施标准化工程模式：大量打深井取水灌溉，大规模种植外来树种营造防护林和开垦农田。不尊重科学的结果是：到20世纪60年代末，只有2%的防护林幸存，新垦农田30%因水源短缺而大幅减产，20%沙化并成为该地区沙尘暴的尘源。

北非五国为了防止撒哈拉沙漠的不断北侵，于20世纪70年代开始实施"绿色坝项目"，由于没有弄清当地的水资源状况和环境承载力，盲目用外来物种搞高强度的生态建设，结果沙漠依然在向北扩展。

前苏联图尔盖草原被开垦后迅速沙化

美国中部地区的麦田。由于采取了科学的耕作方法，使土地资源和生态环境得到了合理的保护

第三章　与自然和谐发展，人类的希望所在

求真务实——"宿疾"变"政绩"

同样是生态工程，美国的"罗斯福生态工程"和我国的"三北"防护林体系工程却都因本着求真务实的宗旨，科学办事，而取得了很好的绩效，不仅治愈了"宿疾"，并且还成为造福于子孙后代的英明之举。

"罗斯福生态工程"是1935年开始实施的，旨在治愈错误决策引发的"黑风暴"这一恶疾。由于该工程科学地采取了宜林则林、宜草则草的措施和免耕、休耕等与自然和谐的耕作方法，因此当地的生态环境在很短的时间内就得到了较好的恢复，使一度猖狂不已的"黑风暴"成为了过去。

免耕法是保护性耕地措施之一，是指除播种外，不进行任何形式的土地翻耕

长江中下游防护林工程是我国政府继"三北"防护林工程之后实施的又一大生态建设工程

 即便是为了改善生态实施的生态工程，在决策与实施过程中也应遵循自然规律，否则同样会遭到自然的惩罚。

"三北"防护林中的大量经济林,不仅改善了当地生态环境,也给当地农民带来了巨大的经济效益

分别于1978年（下）和1998年（上）拍摄的尼泊尔东部的小型冰河,冰河后退的情形一目了然

我国的"三北"防护林是国务院于1978年批准实施的,旨在改善"三北"地区的生态状况,提高"三北"人民的生活质量。工程涉及东北西部、华北北部和西北的13个省的551个县,总造林面积3 560万公顷,建设周期长达73年（1978～2050年）,被称为"世界生态工程之最"。

"三北"防护林科学地采取了因地制宜的方法：在沙区营造防风固沙林,在水土流失区营造各种水土保持林和水源涵养林,在农区营造农田牧场防护林、护岸林和护路林等。因此,虽然2000年完成第一阶段任务后目前第二阶段工程刚刚开始,但其巨大的生态、经济和社会效益已初见成效。

宁夏平原的农田防护林带

"三北"防护林像一道坚实的绿色屏障,横贯我国北部地区。图为新疆阿勒泰地区的秋天

第三章 与自然和谐发展,人类的希望所在

可持续发展——世界在关注

可持续发展问题是21世纪世界面对的最大中心问题之一,它直接关系到人类文明的延续,并成为直接参与国家最高决策的不可或缺的基本要素。1992年6月在巴西里约热内卢召开的联合国环境与发展会议以及会议通过的《里约环境与发展宣言》和全球《21世纪议程》,是人类对环境与发展的认识上升到新水平的标志。《21世纪议程》提出了在全球范围内实现向可持续发展过渡的行动和政策建议。

10年后,在南非约翰内斯堡又召开了联合国可持续发展世界首脑会议(简称"地球峰会"),通过了《可持续发展世界首脑会议执行计划》和作为政治宣言的《约翰内斯堡可持续发展承诺》,各国承诺将不遗余力地执行可持续发展的战略,把世界建成一个以人为本、人类与自然协调发展的美好社会。

1992年8月26日至9月4日联合国在南非约翰内斯堡举行可持续发展世界首脑会议,包括104个国家元首和政府首脑在内的192个国家的1.7万名代表,就全球可持续发展现状、问题与解决办法进行广泛讨论。图为厄瓜多尔、加拿大、中国和南非少年儿童代表在会上演讲

一群印第安人在巴西里约热内卢西边的奥加表演传统舞蹈。2002年"地球峰会"期间,这里仿造了一座印第安人的村落,来自五大洲的土著人代表向会议呈递了一份"地球宪章"

129

ZI RAN JIAN SHI

可持续发展——中国在行动

众所周知,中国是世界上人口最多的国家,庞大的人口基数使得人均资源极少,而近20年来中国经济的飞速发展又使得本来就已经短缺的资源和脆弱的生态环境面临更大的压力。假如中国达到像美国目前一样的人均原油消费水平,那么中国每天将需要8 000万桶的原油,而全世界目前的石油产品每天也只不过7 400万桶!仅此一项就可看出实现可持续发展对于我国实现长期稳定发展的重要性。

1992年里约会议之后不久,我国政府率先制定了《中国21世纪议程——中国21世纪人口、环境与发展白皮书》,并于1994年获国务院批准,作为指导我国国民经济和社会发展的纲领性文件,开始了我国可持续发展的进程。

从1956年起,中国开始建立自然保护区。1985年,全国建立自然保护区119个,总面积1 933万公顷,占中国陆地国土面积的2.10%;截至2003年底,建立各类自然保护区1 996个,总面积为1.6亿公顷,约占中国陆地国土面积的16%,对各种生态系统进行了有效保护。

三江沼泽湿地是陆地上的天然蓄水库,也是众多野生动植物的天堂。目前,我国湿地保护区面积已占湿地总面积的40%

四川金佛山自然保护区

第三章　与自然和谐发展，人类的希望所在

"贫困山区要致富，少生孩子多种树"，这是我国西部农村墙上经常可以看到的标语

全长446千米的塔里木沙漠公路被称为世界奇观，该公路是为开发塔克拉玛干沙漠石油而修建的，公路两侧的草扎方格有效地固定了流沙

《中华人民共和国可持续发展国家报告》封面

北京市空气质量日渐转好。2003年全年,北京市区空气质量二级和好于二级的天数达到219天,比上一年增加了16天,比实施"蓝天工程"的第一年1998年增加了119天

"九五"期间,我国用于环境保护和生态建设的资金总额达5 800亿元,是1950～1997年投入总和的1.7倍。科学决策和资金的保障使得全国污染防治重点工程取得阶段性成果。其中,淮河整体污染水平有所降低,干流水质达到三类水标准;太湖和巢湖水质恶化趋势得到初步控制,富营养状态有所减缓。在二氧化硫和酸雨控制区,二氧化硫排放总量有所降低,酸雨范围和频率保持稳定。城市环境质量普遍好转,目前全国城市垃圾和污水集中处理率分别达到58%和36%,在46个环境保护重点城市中,25个城市实现了大气质量功能区达标,36个城市实现了地表水质量功能区达标,有30多个经济发展和环境保护比翼齐飞的城市被授予"国家环保模范城"称号。

近年来,北京环境质量发生显著变化。1998～2003年,全市环保投入670亿元,分9个阶段完成了100多项环境整治项目,使北京市的空气质量有了明显改善。

据统计,北京年燃煤2 700多万吨,是世界上燃煤最多的首都,年排尘324万吨,是北京最主要的污染源。为此,政府采取了一系列根本性解决措施:如煤改气、禁止使用含铅汽油、实施汽车尾气排放标准、实施京津风沙源治理工程等。

第三章　与自然和谐发展，人类的希望所在

"太湖美，美就美在太湖水"。目前，针对太湖的近60%的治污项目已建成投入使用，太湖流域水污染的状况正逐步好转

绵阳市污水处理一期工程

屋顶花园、垂直绿化是获得"国家环保模范城"称号的四川省绵阳市美化城市的一大特色

"国家卫生城"、"国家环保模范城"——山东青岛

自1998年开始，我国六大林业生态工程——天然林保护工程、退耕还林工程、"三北"及长江中下游等重点防护林体系建设工程、京津风沙源治理工程、野生动植物保护及自然保护区建设工程、全国重点地区速生丰产用材林基地建设工程相继实施，它们肩负着改善生态环境、促进可持续发展的双重使命。

"九五"期间，全国共造林2 787万公顷，封山育林3 153万公顷，退耕还林382万公顷；治理水土流失面积26.6万平方千米，治理沙化土地570万公顷。不仅改善了生态环境，而且使我国可持续发展的能力得到了增强。六大林业工程堪称功在当代、利在千秋的"德政"工程。

2003年7月25日，中国政府发布了《中国可持续发展行动纲要》。《纲要》总结了中国10年来实施可持续发展的成就与问题，并提出了中国21世纪初可持续发展的总体目标：可持续发展能力不断增强，经济结构调整取得显著成效，人口总量得到有效控制，生态环境明显改善，资源利用率显著提高，促进人与自然的和谐，推动整个社会走上生产发展、生活富裕、生态良好的文明发展道路。

前不久，一套由职能指标、影响指标和潜力指标三大类、33项指标组成的《政府绩效评估指标体系》浮出水面，其中包括"生态与环境"、"人口自然增长率"等指标，它表明了我国政府按科学规律谋划发展大计的决心。

1998年上海崇明东滩鸟类自然保护区建立以后，已经很久未光顾东滩的世界极濒危物种黑脸琵鹭，又重新选择了东滩作为它们长途迁徙中的"驿站"

第三章 与自然和谐发展，人类的希望所在

2004年全国野生动物调查结果表明：被称为"森林之王"的野生东北虎仅有14只！但今年以来，一向踪迹难觅的东北虎在黑龙江东部林区就出现了4次。林业专家认为这与林区内生态环境的改善和野生动物的增多有直接关系

江西红壤丘陵地区，采取封山育林、防止水土流失等一系列措施，取得初步效果

在国家环保总局首次采用生物丰度指数、植物覆盖指数、水网密度指数、土地退化指数和污染负荷指数5项指标对全国各地生态环境评价的活动中，福建生态环境质量优区域占85.37%，居全国首位

香格里拉一隅。这个世外桃源得益于"天保工程，利国利民"政策的实施

2. "绿色"呼唤科学的生产方式

　　社会不能不发展，人类不能不生产。但人类在工业革命以后的生产方式，对大自然有过太多非常自私而野蛮的举动。如果这仅仅是个人行为，那么造成的影响可能是小范围的；如果它是企业行为，影响的是整片森林、整个流域、整座城市；如果它是跨国集团行为，那么就可能将毒液和废气喷洒到全世界。

　　今天，人们已经开始认识自己的幼稚与过失。单单向大自然忏悔是远远不够的，需要更科学、更合理的生产方式，循环经济、清洁生产、生态产业是人类摆脱困境、实现与自然和谐共处的发展之路。

智能环保节能型住宅将成为未来建筑业的主流

第三章 与自然和谐发展，人类的希望所在

绿色农业——因地制宜、天人合一

　　绿色农业应该符合大自然多样性的规律：宜农则农、宜牧则牧、宜林则林、宜灌则灌、宜草则草、宜荒则荒。

　　云南元阳县，地无三尺平。千百年来，当时的哈尼族同胞在海拔400米至2000米的沟壑山岭之间，开垦出了绵延不断、错落有致的万亩梯田，不仅为自己创造出一片生存空间，而且有效地防止了水土流失，实现了人与自然的和谐发展。

　　有民族学家评价它说："在争取天时、地利并与生态环境协调相处方面，没有任何社会集团能拿出超出哈尼族梯田的作品。"

恢宏壮观而又源远流长的哈尼梯田被国外学者誉为"真正的大地艺术"

甘肃静宁县地处黄土高原西北区，长期干旱。而当地农民因地制宜，修建了大量梯田，使黄土高原地区坡地得到合理利用

高源明珠滇池经过治污再露明丽容颜

在烈日照射下，乱石累累的沙漠伸向远山，稀疏的小树和发黄的灌木丛在干热风中摇曳。暑气笼罩大地，光秃秃的岩石，奇异的坑洞，被惊动的蜥蜴……以色列水资源严重不足，中南部地区的沙漠旱地占国土面积的60%，年均降水量不到200毫米，北部地区的降雨也只有500毫米。然而，以色列人煞费苦心地研究滴灌技术和土壤保湿技术，将每滴水的效用发挥到最大程度。今天，以色列的节水滴灌技术、沙漠治理技术、基因育种技术、高效种植养殖技术、化肥农药和设备等的出口额，已经远远超出了农业的总产值。

在一片贫瘠的土地上，以色列人创造了世界农业史上的奇迹，收获着蔬菜、瓜果和鲜花。

所谓"穷则变，变则通，通则久"。

虽然我国绝大多数地区的农田摆脱了靠天吃饭的局面，进行人工灌溉。但落后的人工灌溉方式对于水资源的利用率很低，往往事倍而功半。我国水资源分配又不平衡，要保证全国人民的粮食供给，就要合理开发水资源，就必须向节水型农业转变。

北京市开展了现代化节水型农业研究与示范项目，共建成庞各庄、长子营、来广营、南邵和徐辛庄5个不同类型示范区，示范区建设总面积15.3万亩，建立粮、菜、果示范窗口5 210亩，示范区面积6.37万亩。在示范区里，粮田亩均节水64.2立方米，增产29.2千克，灌溉水的经济效益提高57%；菜田亩均节水88.2~215.1立方米，增产380千克，灌溉水的经济效益提高55%；果树亩均节水196立方米，增产112千克，灌溉水的经济效益提高102%。示范推广累计节水0.8亿立方米，增加经济效益2.07亿元。

重庆市梁山附近的生态农业示范园区

第三章　与自然和谐发展，人类的希望所在

滴灌技术既节水又使农作物根部获得充足水分

以色列荒漠化治理中，用滴灌工程建造的绿洲。

高效而经济的喷灌技术

喷灌技术正在我国农村大面积推广

新的企业发展观——绿色企业

传统企业观以利润最大化为原则，强调产品、技术、市场和国际竞争力，追求把企业做大做强。但是如果一些企业为了追求利益最大化，不顾社会责任，不顾环境破坏，更不顾我们的子孙后代，那么即使再大、再强，即使入围了世界"财富500强"，又有什么意义呢？

1984年，美国大型化工集团联合碳化物公司设在印度博帕尔市的农药厂毒气泄漏，导致2万多人死亡，20万人致伤致残。该公司不得不关闭工厂，答应了天文数字的赔偿，最终因债务缠身、股价暴跌而被其

日本三菱帕杰罗V31、V33越野车由于存在刹车制动管的质量安全问题，于2001年2月9日被中国实施了禁令；2004年4月，三菱公司又因长期隐瞒扶桑卡车质量问题被日本政府查处，导致公司股票暴跌

被博帕尔农药厂毒气夺去生命的印度儿童

因信誉丑闻倒闭的美国安然公司员工正在收拾"家什"各奔前程，该公司在2000年名列"财富500强"第16位

他小公司收购。2004年，日本三菱汽车公司由于长期隐瞒汽车安全问题而曝光，三菱卡车公司的副董事长、副社长等多人被捕，公司被迫对卡车、大轿车、吊车等大型车辆进行召回。这些企业不重视社会责任和环境责任，最终必食恶果！

显然，以利润最大化为原则的传统企业发展观是不适应时代发展要求的，企业必须重新审视自己的行为，重塑自己的责任，包括经济责任、环境责任和社会责任。实践证明，企业只有本着经济利益和社会利益兼顾的原则，重视绿色、提倡相互协作、共享和共同发展、以人为本，才能在世界"未来500强"中占据一席之地。

时代在变，环境在变，企业的观念也应随之而变。中国企业只有依照科学发展观，树立科学的企业发展观，才能在未来世界经济舞台上扮演重要的角色。

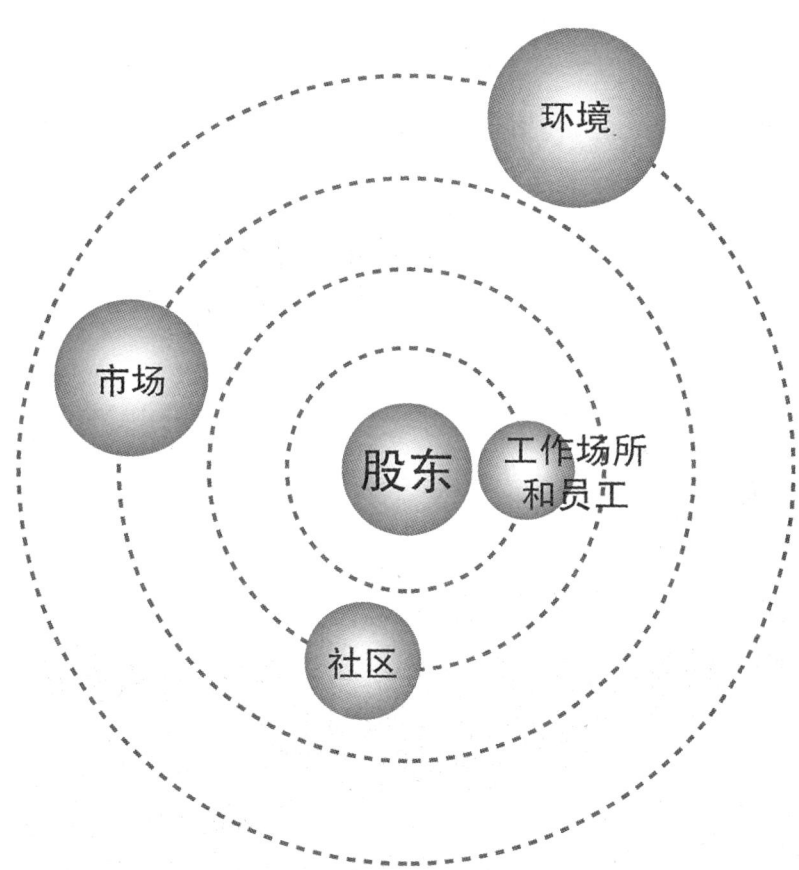

企业必须回报五个利益相关方。只有协调好企业的经济责任、社会责任和环境责任三个方面，才能在竞争中取胜，才能健康地发展

ZI RAN JIAN SHI

绿色，代表着生命、健康和活力。国际上对"绿色"的理解通常包括生命、节能和环保三个方面。近些年，推行"绿色管理"、进行"绿色教育"、生产"绿色产品"、争取"绿色商标"、成为"绿色企业"，已成为众多企业追求的时尚。

美国杜邦公司是首先推行"绿色管理"的企业，他们任命了专职的环保经理，从1990年开始在全球化工行业中率先回收氟利昂，并计划在30年内不断减少排放废弃物，成为真正的"绿色企业"。日本有70%以上的企业在有关刊物上登载有关环保课题的专题，NEC等大企业每年都在员工中开展有关环境问题的专题研讨会。在"绿色"浪潮的席卷之下，越来越多的"绿色产品"摆上了商场的货架。

目前已颁布51类产品环境标志标准，近700家企业、8 000多种产品获中国环境标志认证，形成年产值近700亿元的绿色经济群体。

中国环境标志由中心的青山、绿水、太阳及周围的10个环组成，寓意为"全民联合起来，共同保护人类赖以生存的环境"

2000年在北京农业展览馆举办的黑龙江绿色食品周，图中的圆形图案是绿色食品的标志

日本公园一景。这里的湖水使用的是净化后的污水

第三章 与自然和谐发展，人类的希望所在

新的经济模式——循环经济

　　循环经济是生态经济内涵的集中表达，要求以"减量化、再利用、再循环"（3R原则）为社会经济活动的行为准则，运用生态学规律把经济活动组织成一个"资源→产品→再生资源"的循环系统，所有物质和能源在这个不断进行的经济循环中得到合理而持久的利用，以使经济活动对自然生态环境的影响降低到尽可能小的程度。

　　循环经济的思想萌芽于20世纪60年代，以美国经济学家鲍尔丁的"宇宙飞船理论"为早期代表。他认为，地球就像在太空飞行的宇宙飞船，要靠不断消耗和再生自身有限的资源而生存。如果不合理开发资源、破坏环境，就会走向资源枯竭而毁灭。20世纪90年代以后，循环经济成为西方发达国家的新型发展思路，并形成了一系列的法律、制度。

艺术家笔下未来的宇宙飞船。它需要得到外界的资源补充，才能获得持续动力

1995年英国壳牌石油公司打算将废弃的钻井平台沉入北海，遭到绿色和平组织的强烈反对，壳牌公司不得不取消该计划。图为靠近钻井平台的绿色和平组织成员受到石油公司职工喷水驱赶

循环经济是社会生产方式和生活方式的革命,它为可持续发展提供了新的理论范式。丹麦的卡伦堡生态工业园区是目前国际上工业生态系统运行最为典型的代表。该园区以发电厂、炼油厂、制药厂和石膏制板厂4个厂为核心,农业、生活服务业为辅助,实现共享资源和互换副产品,以一个企业的废弃物作为另一企业的生产原料,建立起工业横生和代谢生态链关系,以实现污染物"零排放"。

卡伦堡生态工业园区是在多家企业间建立起的循环经济模式,美国杜邦公司则在单个企业内形成了清洁生产和资源的循环利用,该公司创造性地把"3R原则"发展成与化学工业实际相结合的"3R制造法",通过放弃、减少使用某些环境有害型的化学物质及发明回收本公司产品的新工艺等,到1994年已经使生产过程中产生的塑料废弃物减少了25%,空气污染物排放量减少了70%。公司还从废塑料中回收化学物质,开发出了耐用的乙烯材料维克等新产品。

杜邦公司曾因在追求革新方面的突出成就及在保护环境、承担企业责任、改善人类生活方面所取得的成果等多次获奖。不过,杜邦公司的环保声誉最近因不沾锅的"特富龙"涂层是否致癌及其生产过程中氟辛酸的排放而受到质疑

芬兰首都赫尔辛基附近的齐维科垃圾管理基地负责垃圾的可循环利用和有害垃圾的处理工作

第三章　与自然和谐发展，人类的希望所在

德国的包装物双元回收系统（DSD）是一个专门对包装废弃物进行回收利用的非政府组织，它接受企业委托，组织对企业包装废弃物进行回收和分类，然后送至相应的资源再利用厂进行循环利用，能直接再次利用的包装废弃物则送返制造商。

DSD系统的建立大大促进了德国包装废弃物的回收利用。德国政府规定玻璃、塑料、纸箱等包装物回收利用率应达到72%，但实际上1997年已达86%；废弃包装物作为再生材料利用，1994年为52万吨，1997年达到了359万吨；包装垃圾则从过去每年1 300万吨下降到现在的500万吨。

日本政府2000年颁布了《推进形成循环型社会基本法》，并制定了一系列相关法规做支撑，正在全力建设循环经济型社会。

垃圾是放错位置的财富。1998年，全北京8万多垃圾捡拾"大军"从废品中拾走的"垃圾"价值9.3亿元，人均1万多元

德国柏林街头的汽车站顶篷安装了太阳能蓄电池，为车站的公用电话充电

我国约2/3的天然橡胶要依赖进口，做好橡胶制品的回收利用是解决橡胶资源问题的重要途径

　　我国资源利用相对粗放，全国每年有500万吨废钢铁、20多万吨废有色金属、1 400万吨废纸及大量废塑料、废玻璃等未充分回收利用。而中国每创造1美元产值所消耗的能源是美国的4.3倍、法国和德国的7.7倍、日本的11.5倍。因此，我们必须大力推进循环经济，走新型工业化道路。

　　我国循环经济的实施起步于生态工业示范园区的建设，其典型范例是广西贵港国家生态工业示范园区。该园区以贵糖股份有限公司为核心，以蔗田、制糖、酒精、造纸、热电等企业和环境综合处理系统为框架，通过副产品、能源和废弃物的相互交换，实现了园区内资源最佳配置、废弃物有效利用和环境污染最低水平。此外，拟建和在建的还有南海、包头、石河子和长沙的国家级生态工业示范园区等，并拟建一个循环经济试点省（辽宁）和一个试点城市（贵阳）。

广西贵港国家生态工业示范园区一隅

第三章　与自然和谐发展，人类的希望所在

新的生产理念——*清洁生产*

　　循环经济的实现，必须要有一系列的技术体系作支撑，除了用于消除污染物和废弃物再利用的环境工程技术、资源化技术外，更重要的是生产过程无废、少废、生产绿色产品的清洁生产技术。

　　20世纪70年代前，人类消除工业污染的实践仅限于末端治理。但多年实践后发现：末端治理虽在一定时期内或在局部地区起到一定的作用，却并未根本解决问题，并且造成沉重的经济负担。美国用于空气、水和土壤等环境介质污染控制的总费用1972年为260亿美元，80年代末增至1 200亿美元。尽管如此，仍未能达到预期的污染控制目标。显然，末端治理虽必不可少，但要想根本解决问题，还须结合源头治理，争取将污染物消除在生产过程之中。

北京市的传统公厕每座年用水量达11 160吨。目前在京郊顺义动工兴建的一座利用最新水循环处理技术的公厕，只需在施工过程中一次性注入35吨水，就可供该公厕终身循环使用

用于净化水质的生物坝

147

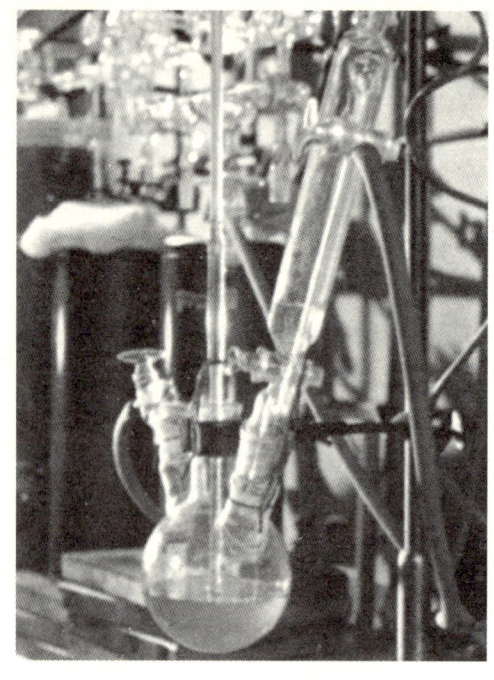

清洁生产被联合国环境署定义为：一种必须连续实施的、作用于产品、生产过程和服务的有利于环境的战略。清洁生产技术的目标是合理利用自然资源，减缓资源的耗竭，减少污染物的生成和排放，促进工业与环境的协调。

目前，世界各国已经开发出了一系列的清洁生产工艺。"绿色化学"是清洁生产概念在化学工业领域的具体体现。绿色化学旨在化学产品的设计和生产过程中减少或消除有害物质的使用和产生，是对化学设计及合成观念的根本性改变。绿色化学提倡在分子水平上预防污染，涉及化学过程的各方面：合成、催化、监测、分离、反应条件等。国内外已在绿色化学方面取得了很多可喜的成果。

上图为用于化学研究的实验装置，下图为有机化工厂。绿色化学主张在化学产品的设计阶段就充分考虑如何在生产过程中减少或消除有害物质的使用和产生

第三章 与自然和谐发展，人类的希望所在

采用了微波处理技术的常州污水处理厂

我国从20世纪80年代开始重视对工矿企业废物的综合利用，从末端治理思想出发，通过回收利用达到节约资源、治理污染的目的。20世纪90年代以后，源头治理的思想逐渐深入人心，从1993年在上海召开的第二次全国工业污染防治会议开始，清洁生产的理念得到逐步推广，国家已于2003年1月1日颁布实施了"清洁生产法"。

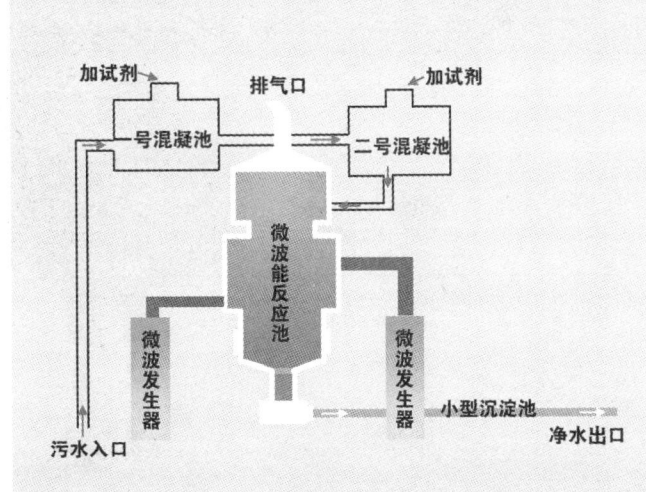

微波处理技术示意图。微波污水处理技术是绿色生产技术的一个应用

3. "绿色" 呼唤科学的生活观和消费观

勤俭节约，少向环境赊账

一家有一家的账，记录着每月挣多少花多少。我们买一升汽油的开销包含了开采与提炼的成本，但是没有计算治疗因污染空气造成呼吸系统疾病的费用或修复酸雨造成损害的开支，也没有包括全球气温升高、冰川融化、灾害性气候造成的损失的花费。如果环境会给每个人开账单，可能多得付不清。环境不会直接向人类要账，但它会用其他方法让我们来偿还。

虽然越来越多的科技让人与环境和谐共处，但在生活中任何高科技都比不上人的一点好习惯：随手关紧水龙头、随手关灯、将菜放凉再放入冰箱、使用可反复利用的包装……

每一个好习惯都是节约了资源，每一次随意抛弃都是浪费或污染，都是在向环境赊账。所以，当人类面临资源枯竭、生态环境恶化的威胁时，我们需要从自己做起、从身边做起。

人类与地球携手走向未来

第三章　与自然和谐发展，人类的希望所在

有记者问多年担任美国通用电器公司（GE）总裁的韦尔奇："您为什么在主持会议后总是最后一个离开会议室？"身价过亿、被称为"经营之神"的韦尔奇回答很简短："关灯"。

一次方便，长久麻烦

现代生活中充斥着无数的一次性用品：一次性餐具、一次性桌布、一次性拖鞋、一次性浴衣、一次性照相机……一次性用品，给我们的生活带来了很多方便。然而，也正因为有了这么多的"一次性"，我们的世界和文明也变得越来越"一次性"。它挥霍着大量本应细水长流的资源，它使现代人就像一个败家子，挥霍着祖宗留下的财富。

诚然，为了人类自身的健康与发展考虑，我们确实需要某些一次性用品，比如一次性注射器。但很多的时候完全可以少用甚至不用，比如买东西，可以自己带个袋子；出门旅行，可以自己带把牙刷……从环保的角度看，这些都是值得发扬光大的好传统。

使用玻璃瓶代替一次性塑料瓶

纸袋可以回收再利用，不会污染环境

151

废物利用，实现资源的重复利用

美国是世界上最富裕的国家，但他们却非常重视对废物的回收利用，遍布全国的节俭商店就是很好的证明。这些商店的商品都是人们捐献出来的旧物，从玩具到衣服等各种日用品应有尽有。庭院甩卖也是美国循环消费文化的一大特色，甩卖的物品在自家留着无用，但在别人那里也许能得到再利用。

瑞典人从不轻易把任何东西视为垃圾，他们把瓶瓶罐罐分装好，送到社区中心或大的加油站旁，那里摆放着一个个金属罐，上面标注着：金属、有色玻璃、无色玻璃、报纸、硬纸壳、塑料等。于是，在其他很多地方一甩手就成为垃圾的东西，在瑞典却得到了很好的回收利用。在瑞典，回收纸张是不付钱的，但大家依然很乐意定期把旧纸张放在家门口。回收公司则在发给每户的宣传单上写着：
"你给我们1吨废纸，我们就少砍14棵树！"

报纸每天都要印，但树木不是一天就能长成，所以请回收纸张

第三章 与自然和谐发展，人类的希望所在

铝是一种可完全回收的环保材料

2000年在德国汉诺威举办的世博会上，一名13岁的非洲男孩用废弃饮料瓶搭起了一座小屋。在非洲一些国家，饮料瓶等包装品在许多贫困居民的生活中派上了用场

垃圾是我们应该重视的资源

美国人把无用的"电影布景垃圾"变成了吸引人的旅游景点

绿色消费，为自己也为后代

　　传统的洗涤剂含有磷，它会随生活污水排入江河湖海，使水体富营养化，导致"水华"和赤潮；彩电、微波炉、计算机存在辐射，会对人体造成伤害；装修材料挥发甲醛，会污染室内空气；冰箱的氟利昂破坏臭氧层，如此种种。

　　为了消费者自身的健康，人们需要低幅射的彩电和计算机、低泄漏的微波炉、低汞的节能灯、低甲醛挥发量的装修材料、低排放的燃气灶；为了保护生态环境，人们需要无铅汽油、无磷洗涤剂、无汞干电池、无氟冰箱和低污染排放的汽车……

　　过去人们购买商品，只考虑使用价值。现在除了使用价值，还要考虑环境价值。绿色消费观念正在把个人消费和身心健康、居室环境质量、区域生态环境、全球环境问题都联系起来，这是人类生活方式的一个巨大进步。

日本最大的淡水湖琵琶湖附近的居民从20世纪70年代起就停止使用含磷的洗衣粉，他们宁肯使用肥皂，为的是给后人留下一湖清水

要想让子孙后代也欣赏到这片美丽的湖光山色，需要我们每个人从身边做起、从一点一滴做起

第三章 与自然和谐发展，人类的希望所在

英国生态住宅示范房充分利用再生回收的材料，节能50%，节水1/3，所需全部热能的60%由太阳能装置提供

在您选购洗衣粉、洗涤剂时，是否曾注意过它们有没有无磷标志？为了给我们自己、也是给后代多留下一汪清水，多花几毛钱也是值得的

绿色住宅决不仅仅是以房屋周围的绿化面积的多少来衡量的

4. 用理性的技术之剑
开辟通往人与自然和谐发展之路

人们常常用"科学技术是一把双刃剑"这句话来形容科技的发展既给我们带来了便利，也产生了资源与生态环境等方面的负面效应。但是，科学是对客观规律的认识，并不对大自然直接产生作用，它也就无从产生正面或负面的作用；技术虽然对大自然直接产生作用，但发明和使用技术的都是人，正是由于人类不合理、甚至是恶意地使用某些技术，才造成了今天令人忧虑的局面。

人类要生存、要发展，就不可能不利用资源、不改造自然。同时，人类目前对资源与生态环境的破坏，已经超出了大自然自身能够再生和修复的极限。要解决这两个矛盾，出路还在于发明和使用节流开源、防治污染、保护生态的技术。

当人类变得理性时，技术之剑所开辟的将是一条通往人与自然和谐发展之路。

人类与环境的未来正面对这样的岔路口

世界在我们手中，需要我们小心握住

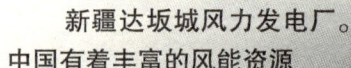

新疆达坂城风力发电厂。
中国有着丰富的风能资源

第三章 与自然和谐发展，人类的希望所在

莫让能源随风而逝

  风作为大气流动的形式无所不在，不论是极地还是沙漠，都是它能够到达的地方。古代非洲的腓尼基人靠地中海的风驾船与周边地区进行交往，哥伦布跨过大西洋靠的是三桅帆船捕获的北大西洋风，风车磨面是人们古时候对风力最经典的运用。

  风能还能不能驱动现代工业社会？2003年，德国风力发电总功率达2 654兆瓦，占德国全年总发电量的6%。风力发电在欧洲每年使二氧化碳排放量减少2 260万吨，并每年保持增长的势头。在全球边界层内的总能量相当于目前全世界每年所燃烧能量的3 000倍。新型风车的叶片已改用轻便耐用的玻璃钢制作，且高度达到40米，可获得相对稳定的风量。电脑的控制可以让风车随风而动发挥出最大的工作效率。

1 000多年前维京人从寒冷的北方驾着帆船将足迹踏遍欧洲，甚至涉足过美洲新大陆

对风力的利用由来已久，现代它将发挥更大的作用

如果人类没有掌握风的力量，哥伦布不可能发现新大陆

ZI RAN JIAN SHI

新时代的盗火者

2 500年前的西周时，我们的祖先就用金属凹面镜汇聚阳光点燃艾绒取得火种，即"阳燧取火"技术。

现代太阳能科技的革命源自1954年美国贝尔电话公司发明的硅太阳能电池，它可将太阳能直接转化为电能。太阳每秒钟释放出来的能量，相当于目前全世界一年内能源总消耗量的3.5万倍，可以说太阳能是真正取之不尽用之不竭的能源。

在南非，很多家庭用上了价格低廉的太阳能发电设备，在美国和德国已建立起大规模太阳能发电站。太阳能已经从军事和航空领域逐渐步入人们的生活。科学的发展不仅是发明的过程，更是将科技不断普及到千家万户的过程。

虽然太阳能汽车现在模样古怪，但很可能是未来的主流

太阳能发电厂全景

第三章　与自然和谐发展，人类的希望所在

太阳塔太空太阳能发电方案想象图。太阳塔反射镜像片片巨大的树叶，接在与输电天线相连的集电线杆上，绵延达 15 千米

从漂浮在地球同步轨道的太阳能发电厂俯瞰地球的想象图

飘在太空的发电厂

　　日夜交替使得地球上总有地方见不到太阳，然而在近地太空的某些位置日照时间几乎可以 24 小时不间断，更不用担心阴雨天云层的阻挡，所以是太阳能发电最理想的场所，发电效果可以是地球上的 8~10 倍。

　　1983 年太空太阳能发电首次进行实验，成功地在电离层将电以微波形式从母火箭输送到子火箭。1992 年，利用微波输电的飞机模型试飞成功。1994 年在地面又成功地将 3 千瓦电力以微波形式输送到 42 千米处。随着太空太阳能发电关键技术——微波输电技术日趋完善与经济，太空发电的真正实现为人类提供的海量电能也许会帮助人们永远摆脱污染和能源短缺的困扰。

发掘物质内部的巨大能量

1942年12月2日，意大利著名物理学家费米在美国芝加哥大学斯塔格运动场的西看台下启动了他所设计的世界上第一个核反应堆。1953年美国宣布将利用核能发电。

在安全条件严密的情况下，核电站对环境的影响微乎其微，虽然人们提起切尔诺贝利核电站的事故心有余悸，但核电站的安全性近年逐渐得到了广泛的确认。法国有80%的电力来自核电，20年来从未发生过大的泄漏事件。核能发电是一种清洁、经济、安全的能源，在发达国家电力中占有较高的比例。

在安全运行的条件下，核电站几乎不对周围环境排放废气和污水。我国的大亚湾核电站1994年建成投产，它坐落在深圳市东部大亚湾畔。大亚湾核电站的冷却用水排放到附近海域，这一带的渔业反而增产了。大亚湾核电站每年发电量超过100亿度，它比同等发电量的燃煤发电站每年减少燃煤消耗370万吨，少排放二氧化碳1 350万吨、二氧化硫10万吨、氮氧化物6万吨、烟尘1.8万吨、灰渣90万吨。这还没有计算燃煤和灰渣运输车辆所消耗的燃油及排放的废气。

从保护生态环境、实现可持续发展的战略角度考虑，核电应该成为与火电、水电互为补充的支柱能源之一。

广东大亚湾核电站

第三章 与自然和谐发展，人类的希望所在

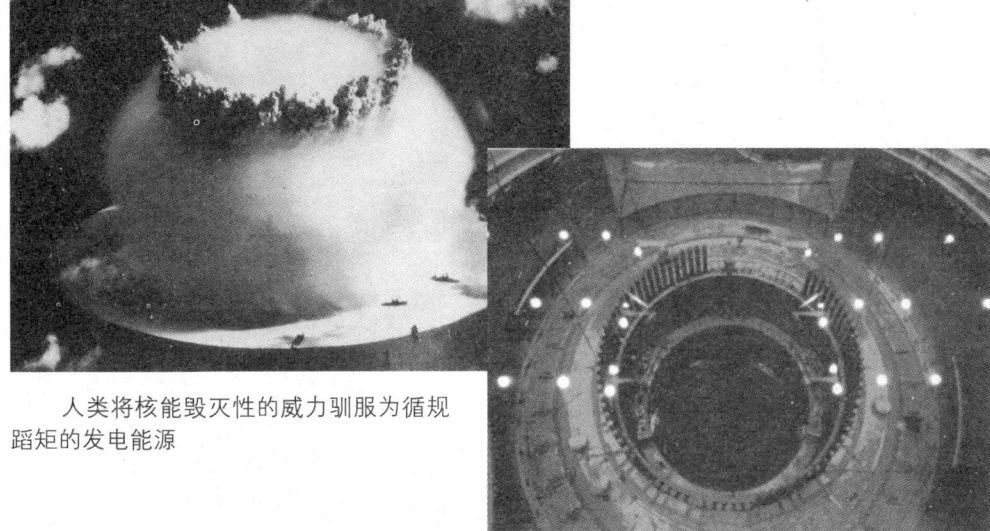

人类将核能毁灭性的威力驯服为循规蹈矩的发电能源

核电站反应堆内部景象，有限的空间蕴藏着巨大的能量

费米的研究为核能的和平利用奠定了基础

ZI RAN JIAN SHI

水是地球上最广泛的物质，氢主要以化合物的形态贮存于水中

1813年制造的蒸汽火车头，它一直运行至1864年，现存于伦敦科学博物馆

80年前24秒生产一辆的福特T型汽车，代表着科技让人获得的速度和力量

第三章　与自然和谐发展，人类的希望所在

能源转换的新来源

19世纪，煤炭和蒸汽机火车引发了欧洲工业革命；20世纪，石油和内燃机汽车促成了美国经济腾飞；21世纪，氢有望成为人类可持续发展的理想能源。

氢是自然界存在最普遍的元素，除空气中含有氢气外，它主要以化合物的形态贮存于水中，而水是地球上最广泛的物质。据推算，如把海水中的氕和氘（氢的同位素）全部提取出来，所产生的总热量比地球上所有化石燃料放出的热量还大9 000倍。除核燃料外，氢的发热值是所有化石、化工和生物燃料中最高的，是汽油发热值的三倍。氢本身无毒，燃烧时除生成水和少量氮化氢外不会产生诸如一氧化碳、二氧化碳、二氧化硫、碳氢化合物、铅化物和粉尘颗粒等污染物质，而且生成的水还可继续制氢，循环使用。

水分子中含有1个氧原子和2个氢原子，这些原子彼此紧紧地结合着，要分离它需要大量的能量。若加入促进反应速度的物质（触酶）和太阳光，就能轻易将氢和氧分开。图为用于制造氢燃料的太阳能聚热器

早在1839年，英国人W·格罗威就提出了氢和氧反应可以发电的原理，这就是最早的氢-氧燃料电池（FC）设想。但直到20世纪60年代初，才开发了液氢和液氧的小型燃料电池，应用于空间飞行和潜水艇。

近二三十年来，燃料电池由于具有能量转换效率高、对环境污染小等优点而受到世界各国的普遍重视。燃料电池也是唯一同时兼备无污染、高效率、适用广、无噪声和具有连续工作和模块化的动力装置。预期燃料电池将在国防和民用电力、汽车、通信等领域发挥重要作用。

德国BMW汽车公司研制的燃料电池动力轿车

1998年3月，美国《财富》杂志的评论声称："燃料电池将会把那些驱动世界轿车、卡车以及公共汽车的嘈杂而又污染环境的活塞发动机淘汰，就像淘汰蒸汽机那样。"

质子交换膜燃料电池（PENFC）功能图

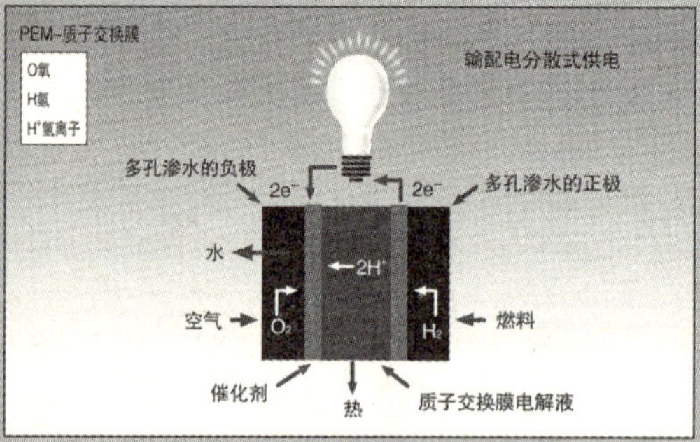

质子交换膜燃料电池（PEMFC）结构示意图

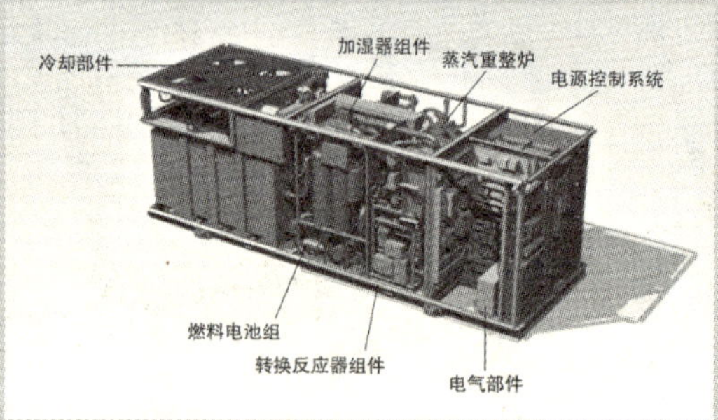

第三章 与自然和谐发展，人类的希望所在

燃料电池与火力发电的大气污染比较

(单位：$kg \cdot 10^{-6}(KWh)^{-1}$)

污染成分	天然气火力发电	煤火力发电	燃料电池
二氧化硫（SO_2）	2.5~230	8 200	0~0.12
氮氧化物（Nox）	1 800	3 200	63~107
烃 类	20~1 270	30~104	14~102
粉 尘	0~90	365~680	0~0.14

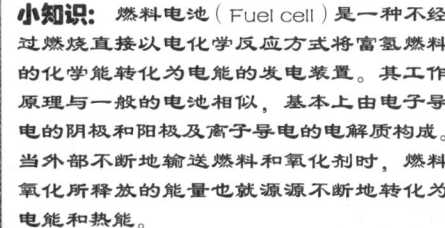

小知识： 燃料电池（Fuel cell）是一种不经过燃烧直接以电化学反应方式将富氢燃料的化学能转化为电能的发电装置。其工作原理与一般的电池相似，基本上由电子导电的阴极和阳极及离子导电的电解质构成。当外部不断地输送燃料和氧化剂时，燃料氧化所释放的能量也就源源不断地转化为电能和热能。

现代汽车发动机

ZI RAN JIAN SHI

植物接收太阳光进行光合作用，并制造生物能的有机物

北京市郊区留民营的两个沼气罐供应了全村的全部生产和生活用气，它使用的是人畜粪便和农作物秸秆

南美大甘蔗园中收割甘蔗的情景。甘蔗是生产酒精的重要原料

小知识：

生物质是地球上最广泛存在的物质，它包括所有的动物、植物和微生物以及由这些有生命物质派生、排泄和代谢的许多有机质。各种生物质都有一定的能量，所以由生物质产生的能量就叫生物质能。生物质能的种类繁多，目前人们可以利用的大致分为六大类：木质素，主要包括木块、木屑、树枝和根、叶等；农业废弃物，主要是秸秆、果核、玉米芯、蔗渣等；水生植物，如藻类、水葫芦等；油料作物，如棉籽、麻籽、乌桕、油桐等；加工废弃物，包括食品、屠宰、酒厂、纸厂的排泄物和垃圾等；粪便。

第三章　与自然和谐发展，人类的希望所在

"黑金"退位，"绿金"称王

　　当今地球上化石燃料日趋枯竭，人类面临能源危机。生物质资源巨大，技术潜力更大，是生生不息的可再生能源。据联合国开发计划署（UNDP）估计，可持续的生物质能源可满足当前全球能源需求量的65%以上。芬兰20%的能源需求可由生物质能提供。1999年瑞典地区供热和热电联户所消耗的能源中，26%是生物质能。目前美国年生产生物柴油100万吨，每年以农村生物质和玉米为原料生产乙醇（酒精）450万吨。

　　《今日美国》的一篇文章指出："石油的能源之王地位也许不久就会遭到废黜，农田作物有可能逐渐取代石油成为从燃料到塑料的所有物质的来源，'黑金'也许会被'绿金'所取代。"

　　我国生物质能资源丰富，年总量约为7.5亿吨标准煤，约相当于2000年我国一次性能源销售量的66%。生物质能不仅在于它的再生性和对环境的负面影响小，它的优势还在于它的分散性、小型化和就地取材，更能适应我国农村的特点和需要。近年来，我国东北地区也利用玉米生产乙醇，以一定比例掺入汽油，节省了石油资源。而利用农作物秸秆、动物粪便发酵生产的沼气，则成为许多农村地区做饭和照明的能源。

日本大阪东南的藻类养殖区

大规模种植的玉米田。玉米是良好的生物质能源之一。

发掘水土资源的潜力

20世纪90年代中期,曾有外国人以中国水土资源短缺为由,提出"谁来养活中国人?"并声称将影响世界粮食的安全。但是我国科学家经过多年研究认为,可以采取多途径的替代来解决水土资源短缺问题。

可以通过技术手段,将微咸水、低质水、废弃水等非常规水用于灌溉,直接替代灌溉水;通过提高灌溉水利用效率,通过遗传改良提高作物对水分的利用效率(即生物性节水)作间接替代。土地是不可替代的,但可以通过林地、草地、水面、海洋、微生物等替代耕地生产碳水化合物和蛋白质;也可以通过提高土壤肥力和土地等级增加作物产出,通过改进种植技术提高土地生产力作间接替代。

穿孔管喷灌可节省用水

水稻的需水量为所有作物之冠,灌溉尚为必要的措施

以前为干燥地区的不毛之地(上),经大规模的灌溉处理后成为肥沃的农田(下)

非传统水资源潜力巨大

非传统水资源包括：雨水、经过再生处理的废水、海水、空中水等，其突出优点是可以就地取材，而且是可以再生的。

雨水利用的潜力很大。美国加州建设了十分庞大、完善的"水银行"，可以将丰水季节的雨水和地面水通过地表渗水层灌入地下，蓄积在地下水库中，供旱季抽取使用。日本、德国城市中大力发展屋顶及居住区地面的雨水收集系统，供楼房及城市生活杂用水及绿地灌溉之用。

城市污废水的处理、再生和利用，更可以收到控制水污染、提供稳定水资源的"双赢"效果。再生的城市废水可以用作工业冷却水、农业灌溉水、市政杂用水等。海水可以用于工业冷却水，用于生活冲洗厕所水，经过淡化还可以用作生活饮用水。香港的厕所冲洗水全部是海水。

沙特阿拉伯的海水淡化厂。海水淡化多采用蒸馏法，并利用蒸汽来发电，一举两得

我国台湾的蓄水池。台湾地区山地多河流短，虽然降雨量充沛，却经常发生"水荒"，因此修建了很多蓄水池

地球上的水97.2%为海水，既不能饮用，也不能灌溉。如果解决了海水淡化技术的成本过高问题，人类将彻底告别水资源短缺

环境友好材料

　　1902年10月24日，奥地利科学家马克斯·舒施尼发明了塑料袋，这种包装物既轻便又结实，在当时无异于一场科技革命。它无处不在，方便了社会，也带来了日益深重的白色污染。这些300年也不能降解的塑料废弃物不断在地球表面堆积，掩埋需要场地，焚烧又产生有害烟尘和有毒气体，唯一的方法就是寻找它的替代物。

　　近年来新发展出来的无机粉体可以使塑料降解的速度提高100倍，完全降解仅需要2~3年的时间。通过添加包装袋里碳酸钙含量可以进一步提高塑料袋在自然界中的降解速度，分解出的物质只有水和二氧化碳，对土壤和水源没有危害。新技术还发明出用淀粉、蔬菜纤维甚至土豆来制造的可食性包装。日本丰田公司还开发用白薯淀粉塑料制成了汽车配件。白色污染最终会随着绿色科技的发展退出历史舞台。

一场大风过后，垃圾堆里五颜六色的塑料袋飞舞到树上

塑料地膜的使用促进了农业生产，但残留在农田中的地膜却阻碍了农作物的生长，成为一大公害

第三章 与自然和谐发展，人类的希望所在

科技让天变蓝

　　大气在几亿年的时间里习惯的安稳与平静，在转瞬几个世纪里被人类制造出的各种气体搅乱了。科学家们正在通过新技术努力减少有害气体的排放。

　　对于大气中的氮氧化物和硫氧化物，现在最常用的治理技术是吸收法。废气经过吸收塔，与塔顶上流下的吸收液发生交流，使吸收液中的成分与废气中的有害成分发生化学反应，减少了废气中的有害成分。

　　科学家针对汽车尾气又发明了催化转化技术，使尾气从气缸中排出后，排入催化反应器。在催化剂作用下，使一氧化碳和碳氧化合物被氧化为二氧化碳和水，净化了尾气中的污染成分。

纽约在20世纪60～70年代对大气污染进行治理前后对比

近年来对无铅汽油的推广与强制性规定使汽车尾气中的有害物质大为减少

171

人工湿地洗净污水

目前,许多城市污水处理能力远不能满足需要,可以运用人工湿地污水处理技术进行治理。如造纸废水有机物浓度较高,排到河里危害极大,但用来浇灌水生植物却是优质肥料。

人工湿地生态系统水质净化技术的基本原理是:在一定的填料上种美人蕉、富贵竹、芦苇等特定的植物,将污水投放到人工建造的类似于沼泽的湿地上。当富营养化水流过人工湿地时,经沙石、土壤过滤,植物根际的多种微生物活动,使水质得到净化。

深圳与欧盟合作研究的人工湿地系统水质净化工程,将芦苇、美人蕉等五六种热带和亚热带植物按一定比例配置,栽种到由沙子、细石等填料构成的水池里,原本臭不可闻的污水流经水池后,变得清澈见底,达到国家地表水标准。

人工湿地不仅在降解污染物、涵养水源、促淤造陆、保护生物多样性和为人类提供生产、生活资源方面发挥了重要作用;还能吸收二氧化硫、氮氧化物、二氧化碳等,净化空气和消除城市热岛效应等,具有强大的环境调节功能和生态效益。

芦苇

城市中的人工湿地不仅可降解污染物、保护生物多样性、改善城市的生态与气候环境,而且可成为城市中的一道靓丽风景

美人蕉　　富贵竹

第三章 与自然和谐发展，人类的希望所在

红 麻

云南省罗平县的油菜花海洋

植物修复土壤

针对土壤污染的治理曾是国际性的难题。植物修复技术是20世纪80年代以来国外发展很快的一种新技术。

在污染土壤中种植对重金属具有特殊耐性和富集能力的"超富集植物"，可以迅速将大量污染物吸收和富集到植物体中并运输到植物上部，通过收获植物，焚烧后回收重金属，从而降低土壤中重金属的含量，实现治理目标。植物根际存在大量微生物，植物修复中也可以通过增加根际有益微生物的数量和活性，促进微生物对污染物的降解作用，利于植物对污染物质的吸收。

美国科学家已成功运用此法消除土壤中有害元素，如：以遏蓝菜治理镉污染，反枝苋治理铯污染，红麻和油菜治理硒污染，拟南芥治理铝污染等，既经济实用又能彻底根除污染源。

遏蓝菜

拟南芥

科技使垃圾变废为宝

　　人类的发展带来大量的工业和生活垃圾的排放，它们是完全无用的废物吗？科学技术在帮助人们重新利用它们。在印度加尔各达，人们将生活废水引向周边的湿地，让太阳杀菌，然后在湿地内养殖鱼类，产量比在鱼塘里养殖的多得多。在尼泊尔山区里，人们利用农作物秸秆生产沼气做饭，不需要再去砍柴破坏四周的植被，沼气池的剩余物还为他们提供了更好的肥料。在奥地利，大量的锯末成为人们冬天取暖的主要原料；挪威一些人用工业废纸和树皮等废物制成可固定植物的土壤，用来治理沙化；上海最近推出用回收材料制成的垃圾桶，不仅防水、防潮，而且坚固耐用。

　　技术不仅帮助垃圾减少着自身的重量，而且使垃圾变废为宝。也许未来的某一天，垃圾将不再是一个沉甸甸的问题压在地球身上。

利用回收材料制成的产品一样精美

将生活垃圾堆积成堆，保温至70℃储存、发酵，借助垃圾中微生物分解的能力，将有机物分解成无机养分，即堆肥。堆肥是最常用的有机肥料。这是一辆施肥车正在田地上施肥

第三章　与自然和谐发展，人类的希望所在

绿色建筑

在瑞典，每年都要应付一个寒冷漫长而且昏暗的冬天，保暖就是一个至关重要的环节。当地的人们首先用一层10~15厘米厚的保温层将房屋从房顶到地下都"裹"起来，然后用外大内小的复合双层玻璃代替普通单层玻璃，同时采用自然送风系统，这样在一年中大部分时间屋内的温度都可维持在20~26℃，不仅让人感觉舒适，而且降低了能源消耗。

加拿大近年来的建筑设计突出了智能化控制能源消耗的功能。整座大楼内的采光系统尽量采用自然光，而且使用红外和声控等手段判断屋内需要的照明状况。在会议完毕人们散去离开之后，屋内的光线便自动调节至暗光或关闭。

电动遮阳玻璃随时调整房间光照程度

大幅落地窗采用保温玻璃可以起到很好的保温效果

挪威奥斯陆机场利用巧妙的自然采光设计，减少照明用电

第四章

以人为本，全面、协调、可持续的发展观

党的十六届三中全会明确提出了坚持以人为本，全面、协调、可持续发展的科学发展观；强调"按照统筹城乡发展、统筹区域发展、统筹经济社会发展、统筹人与自然和谐发展、统筹国内发展和对外开放的要求"，推进改革和发展。

汽车自动化生产线。我国工业化的目标是：以信息化带动工业化，以工业化促进信息化，走出一条科技含量高、经济效益好、资源消耗低、环境污染少、人力资源优势得到充分发挥的新型工业化道路

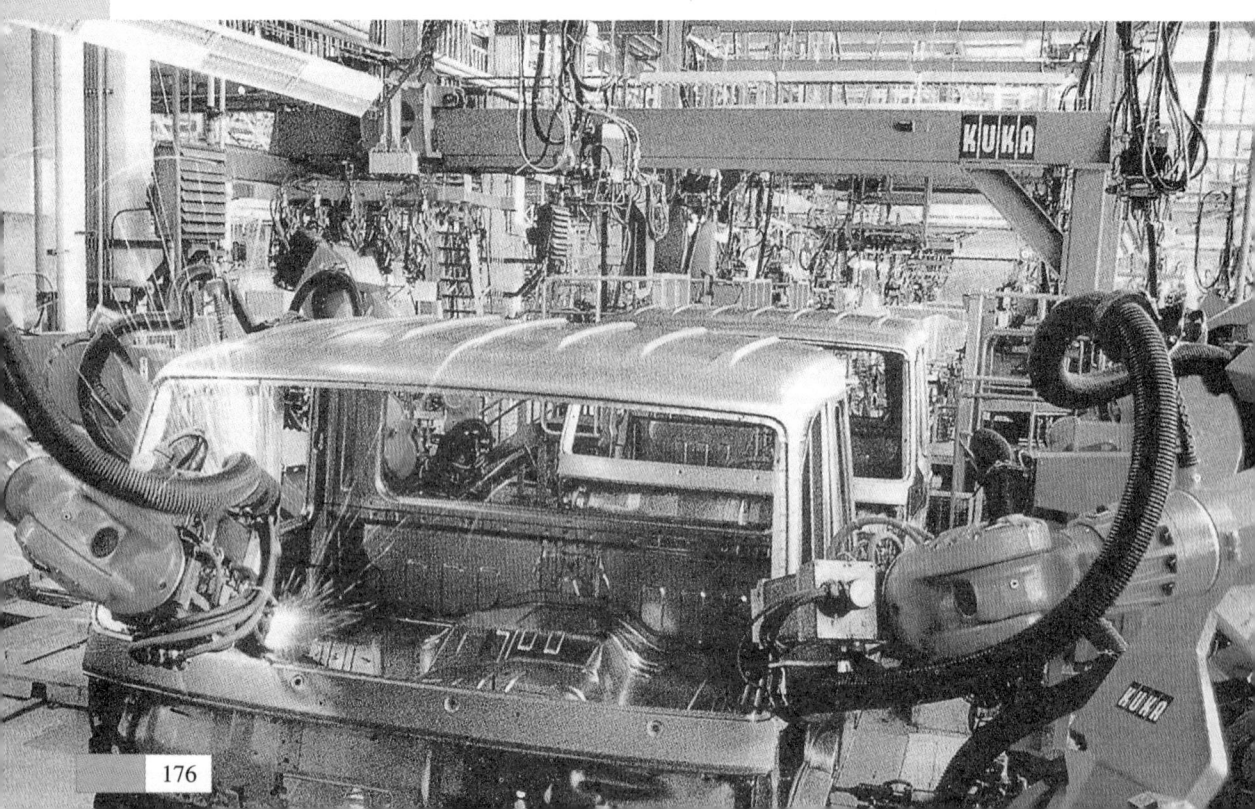

第四章 以人为本，全面、协调、可持续的发展观

河北北戴河生态农业观光园百瓜长廊

科学发展观的"发展"，不只是指经济的增长，而是在经济发展基础上实现社会全面发展，是社会主义物质文明、政治文明和精神文明的全面、协调发展，既包括在经济社会发展基础上促进人的全面发展，也包括人与自然和谐发展，是既满足当代的需要，又为子孙后代留下充足发展条件和发展空间的可持续发展。

内蒙古呼伦贝尔草原

ZI RAN JIAN SHI

1963年8月28日，美国著名黑人民权运动领袖马丁·路德·金在华盛顿林肯纪念堂发表了名为《我有一个梦》的演讲，为美国黑人和有色人种争取他们应有的平等人权。几十万人聚集在华盛顿特区纪念碑广场聆听了他的演讲

1. 科学发展观 是我党对发展观理论的重大贡献

　　从"发展是硬道理"到"发展是党执政兴国的第一要务"，再到科学发展观，中国共产党人以马克思主义世界观方法论为指导，紧密结合当代中国发展的实际，创造性地对发展的内涵、阶段、规律、战略、道路、目标等重大问题作出了科学的回答，为世界贡献了中国特色的发展观理论。

　　发展观是关于发展的本质、目的、内涵和要求的总体看法和根本观点。有什么样的发展观，就会有什么样的发展道路、发展模式和发展战略，就会对发展的实践产生根本性、全局性的重大影响。

　　第二次世界大战之后，国际上形成了最初的发展观思想。这时的发展观具有明显的物质主义倾向，将发展局限于经济发展，将经济发展等同于经济增长，最终将发展归结于物质的积累。

　　20世纪60年代，诺贝尔经济学奖获得者舒尔茨提出了人力资本理论，突出了人力资本开发的决定性作用，这对于以往过分强调物质资本作用是一个重大修正和进步。此后不久，法国经济学家佩鲁发表了《新发展观》一书，提出发展应以人的价值、需要和潜力的发挥作为中心，旨在满足人的基本需要，促进生活质量的提高和共同体每位成员的全面发展。

第四章 以人为本，全面、协调、可持续的发展观

20世纪80年代，非洲持续干旱导致的饥荒夺去了30万人的生命。1985年7月，美国费城肯尼迪体育场举行的"生存求援"音乐会吸引了10万观众，另外有7万多人参加了在伦敦的同一主题音乐会，为非洲灾民募集了5 000万美元。这一活动也引起人们对生态环境的关注

20世纪70年代初，"罗马俱乐部"发表了著名的研究报告《增长的极限》，针对经济增长、城市化、人口、资源等方面所形成的环境压力，提出"持续增长"和"合理的持久的均衡发展"概念。它使人们认识到，经济发展受到资源和环境的强烈制约，如果无节制地破坏下去，必然会使人们丧失其赖以生存的自然基础，最终使发展失去意义。

1972年联合国斯德哥尔摩会议通过了《人类环境宣言》，提出了可持续发展理论，在认识上更加注重发展与自然环境的协调。

20世纪90年代，可持续发展理论得到进一步深化，提出了人类发展的概念：人类发展的目标就是为人类创造一个能享受长寿、健康和有尊严生活的、充满活力的环境。人类发展是扩大人的选择范围的过程，因此必须把人置于所关心的一切问题的核心地位。

科学发展观借鉴和吸收了20世纪60年代以来新发展观、可持续发展和人类发展等发展理论的科学内涵，并强化了以人为本的理念，丰富了全面、协调、统筹发展的内容，是对发展观理论的新发展和重大贡献。

德国巴伐利亚州的一处森林中，遭受酸雨侵害呈现病态的树木被画上了白十字。20世纪70年代后，工业发展带来的生态环境破坏逐步受到人们的重视

来自四川省的全国人大女代表

2. 坚持以人为本，是科学发展观的本质和核心

坚持以人为本，就是要以实现人的全面发展为目标，从人民群众的根本利益出发谋发展、促发展，不断满足人民群众日益增长的物质文化需要，切实保障人民群众的经济、政治和文化权益，让发展的成果惠及全体人民。

具体地说，就是在经济发展的基础上，不断提高人民群众物质文化生活水平和健康水平；就是要尊重和保障人权，包括公民的政治、经济、文化权利；就是要不断提高人们的思想道德素质、科学文化素质和健康素质；就是要创造人们平等发展、充分发挥聪明才智的社会环境。马克思指出：未来的新社会是"以每个人的全面而自由的发展为基本原则的社会形式"。以人为本，体现了马克思主义的基本观点。

上海街头一景。这里的设施充分考虑了行人的需要，体现了人文关怀

农村妇女接受培训后获得了进城务工资格证书

第四章 以人为本，全面、协调、可持续的发展观

3. 在全社会大力宣传和普及科学发展观

胡锦涛同志2004年6月2日在中国科学院、中国工程院院士大会上的讲话中指出：

在全社会大力宣传和普及科学发展观，使科学发展观深入人心，是树立和落实科学发展观的基础性工作。只有全体人民和社会方方面面都了解科学发展观、掌握科学发展观、实践科学发展观，科学发展观才能成为全社会的自觉行动，才能真正贯彻到经济社会发展和社会生活的各个领域。……要把宣传和普及科学发展观作为科学普及工作的重要内容，在全社会大力普及以人为本，全面、协调、可持续发展的观念和知识，使广大干部群众牢固树立正确的生产观和生活观，树立节约的意识、保护环境的意识、保护生物多样性的意识。要通过普及科学发展观和其他科技知识的持久活动，使广大人民群众更多地了解科技知识和科技创新，更好地接受科学知识和科学技术的武装，在全社会进一步形成讲科学、爱科学、学科学、用科学的浓厚氛围和良好风尚。

当现代文明开始在中华大地谱写新的篇章时，保护环境、促进生态的良性发展成为人们的共识，一系列改善生态环境的行动被付诸实施。饱受干旱之苦的新疆塔里木河与内蒙古黑河下游得到生命乳汁的滋润，干涸多年的台特玛湖、居延海再次碧波荡漾，濒临枯死的胡杨林重现生机

后　记

　　人类社会发展到今天，资源的短缺、环境的恶化、生态的危机、发展战略的艰难选择等一系列的世界性问题，给人类前进的道路蒙上了一层暗淡的阴影，并且已经直接威胁到我们和子孙后代的生存，每一个地球人都不能幸免。这迫使人类不得不冷静地思考：一味地追求眼前利益和经济增长，继续无节制地消耗资源、破坏生态环境，还是牺牲一些眼前利益，重新选择一条理性的道路，实现人与自然的和谐发展。

后 记

中共十六届三中全会提出的"坚持以人为本,全面、协调、可持续发展"的科学发展观,就是中华民族所作出的正确抉择。

正如胡锦涛总书记所指出的:"要牢固树立人与自然相和谐的观念。自然界是包括人类在内的一切生物的摇篮,是人类赖以生存和发展的基本条件。保护自然就是保护人类,建设自然就是造福人类。"

让我们深刻认识树立和落实科学发展观的重大意义,自觉树立正确的政绩观、生产观和生活观,从自己做起,从现在做起,从身边做起,自觉运用科学发展观指导各项工作,坚持走生产发展、生活富裕、生态良好的文明发展道路,保证一代接一代地永续发展。